丛书总主编　陈宜瑜
丛书副总主编　于贵瑞　何洪林

中国生态系统定位观测与研究数据集

森林生态系统卷

浙江天童站

（2005—2017）

王希华　郑泽梅　主编

中国农业出版社
北　京

图书在版编目（CIP）数据

中国生态系统定位观测与研究数据集．森林生态系统卷．浙江天童站：2005～2017／陈宜瑜总主编；王希华，郑泽梅主编．—北京：中国农业出版社，2021.12
ISBN 978-7-109-28575-0

Ⅰ．①中… Ⅱ．①陈… ②王… ③郑… Ⅲ．①生态系统－统计数据－中国②森林生态系统－统计数据－鄞县－2005－2017 Ⅳ．①Q147②S718.55

中国版本图书馆CIP数据核字（2021）第148283号

ZHONGGUO SHENGTAI XITONG DINGWEI GUANCE YU YANJIU SHUJUJI

中国农业出版社出版
地址：北京市朝阳区麦子店街18号楼
邮编：100125
责任编辑：刁乾超　文字编辑：郝小青
版式设计：李　文　责任校对：沙凯霖
印刷：中农印务有限公司
版次：2021年12月第1版
印次：2021年12月北京第1次印刷
发行：新华书店北京发行所
开本：889mm×1194mm 1/16
印张：8.5
字数：225千字
定价：58.00元

中国生态系统定位观测与研究数据集

中国生态系统定位观测与研究数据集
森林生态系统·浙江天童站

编 委 会

主 编 王希华 郑泽梅
编 委 杨庆松 曹 烨 刘何铭 杨海波
姚芳芳

PREFACE 1
序 一

进入20世纪80年代以来，生态系统对全球变化的反馈与响应、可持续发展成为生态系统生态学研究的热点，通过观测、分析、模拟生态系统的生态学过程，可为实现生态系统可持续发展提供管理与决策依据。长期监测数据的获取与开放共享已成为生态系统研究网络的长期性、基础性工作。

国际上，美国长期生态系统研究网络（US LTER）于2004年启动了Eco Trends项目，依托美国LTER站点积累的观测数据，发表了生态系统（跨站点）长期变化趋势及其对全球变化响应的科学研究报告。英国环境变化网络（UK ECN）于2016年在*Ecological Indicators*发表专辑，系统报道了英国ECN的20年长期联网监测数据推动了生态系统稳定性和恢复力研究，并发表和出版了系列的数据集和数据论文。长期生态监测数据的开放共享、出版和挖掘越来越重要。

在国内，国家生态系统观测研究网络（National Ecosystem Research Network of China，简称CNERN）及中国生态系统研究网络（Chinese Ecosystem Research Network，简称CERN）的各野外站在长期的科学观测研究中积累了丰富的科学数据，这些数据是生态系统生态学研究领域的重要资产，特别是CNERN/CERN长达20年的生态系统长期联网监测数据不仅反映了中国各类生态站水分、土壤、大气、生物要素的长期变化趋势，同时也能为生态系统过程和功能动态研究提供数据支撑，为生态学模型的验证和发展、遥感产品地面真实性检验提供数据支撑。通过集成分析这些数据，CNERN/CERN 内外的科研人员发表了很多重要科研成果，支撑了国家生态文明建设的重大需求。

近年来，数据出版已成为国内外数据发布和共享，实现“可发现、可访问、可理解、可重用”（即 FAIR）目标的重要手段和渠道。CNERN/CERN 继 2011 年出版《中国生态系统定位观测与研究数据集》丛书后再次出版新一期数据集丛书，旨在以出版方式提升数据质量、明确数据知识产权，推动融合专业理论或知识的更高层级的数据产品的开发挖掘，促进 CNERN/CERN 开放共享由数据服务向知识服务转变。

该丛书包括农田生态系统、草地与荒漠生态系统、森林生态系统以及湖泊湿地海湾生态系统共 4 卷、51 册以及森林生态系统图集 1 册，各册收集了野外台站的观测样地与观测设施信息，水分、土壤、大气和生物联网观测数据以及特色研究数据。本次数据出版工作必将促进 CNERN/CERN 数据的长期保存、开放共享，充分发挥生态长期监测数据的价值，支撑长期生态学以及生态系统生态学的科学研究工作，为国家生态文明建设提供支撑。

孙鸿烈

2021 年 7 月

PREFACE 2

序 二

科学数据是科学发现和知识创新的重要依据与基石。大数据时代，科技创新越来越依赖于科学数据综合分析。2018 年 3 月，国家颁布了《科学数据管理办法》，提出要进一步加强和规范科学数据管理，保障科学数据安全，提高开放共享水平，更好地为国家科技创新、经济社会发展提供支撑，标志着我国正式在国家层面加强和规范科学数据管理工作。

随着全球变化、区域可持续发展等生态问题的日趋严重以及物联网、大数据和云计算技术的发展，生态学进入“大科学、大数据时代”，生态数据开放共享已经成为推动生态学科发展创新的重要动力。

国家生态系统观测研究网络（National Ecosystem Research Network of China，简称 CNERN）是一个数据密集型的野外科技平台，各野外台站在长期的科学研究中，积累了丰富的科学数据。2011 年，CNERN 组织出版了“中国生态系统定位观测与研究数据集”丛书。该丛书共 4 卷、51 册，系统收集整理了 2008 年以前的各野外台站元数据、观测样地信息与水分、土壤、大气和生物监测数据以及相关研究成果的数据。该套丛书的出版，拓展了 CNERN 生态数据资源共享模式，为我国生态系统研究、资源环境的保护利用与治理以及农、林、牧、渔业相关生产活动提供了重要的数据支撑。

2009 以来，CNERN 又积累了 10 年的观测与研究数据，同时国家生态科学数据中心于 2019 年正式成立。中心以 CNERN 野外台站为基础，生态系统观测研究数据为核心，拓展部门台站、专项观测网络、科技计划项目、科研团队等数据来源渠道，推进生态科学数据开放共享、产品加工和分析应用。为了开发特色数据资源产品、整合与挖掘生态数据，国家生态科学数据中心立足国家野外生态观测台站长期监测数据，组织开展了新一版的观测与研究数据集的出版工作。

本次出版的数据集主要围绕“生态系统服务功能评估”“生态系统过程与变化”等主题进行了指标筛选，规范了数据的质控、处理方法，并参考数据论文的体例进行编写，以详实地展现数据产生过程，拓展数据的应用范围。

该丛书包括农田生态系统、草地与荒漠生态系统、森林生态系统以及湖泊湿地海湾生态系统共4卷（51册）以及图集1本，各册收集了野外台站的观测样地与观测设施信息，水分、土壤、大气和生物联网观测数据以及特色研究数据。该套丛书的再一次出版，必将更好地发挥野外台站长期观测数据的价值，推动我国生态科学数据的开放共享和科研范式的转变，为国家生态文明建设提供支撑。

[signature]

2021年8月

FOREWORD

前言

20世纪50年代初，华东师范大学研究人员开始亚热带森林植被的研究工作，足迹遍布我国亚热带大部分区域，积累了大量的调查资料和成果，其中常绿阔叶林是研究重点。20世纪80年代开始，在宋永昌先生带领下，在天童地区开展植被基础调查，积累了大量样地数据。1992年正式设立华东师范大学天童生态实验站，开展定位研究，主要关注常绿阔叶林群落演替和恢复工作。2005年，生态实验站成为国家站后，逐步建立了常绿阔叶林次生演替系列样地等六大长期观测样地和研究平台，并正逐步推进以天童站为中心的区域联网观测，重点开展常绿阔叶林的生物多样性维持和物种共存机制及其对区域环境变化的响应和反馈机制等基础研究和亚热带森林恢复示范。

本书第一章主要介绍了天童站的基本情况、研究方向和近些年的主要研究成果；第二章主要介绍了天童站主要样地与观测设施；第三章主要包含了2005年进入国家生态系统研究网络后，基于常规观测场进行的生物、土壤和气象等长期联网观测数据；第四章为台站特色研究数据集，包括森林小气候数据、20 hm^2 森林动态监测样地第一次植物群落结构数据和土壤属性空间分布调查数据。

本书由王希华、郑泽梅主编。第一章由姚芳芳撰写，第二章由杨海波撰写，第三章生物、土壤和气象数据集分别由杨庆松、曹烨和郑泽梅整理和撰写；第四章森林小气候数据集由郑泽梅整理和撰写；20hm^2 森林动态监测样地数据集由刘何铭、杨庆松整理和撰写。

本数据集的数据生产汇集了在天童开展长期野外观测和研究的诸多科研人员的努力。在此，感谢赵亮、王樟华、马遵平、方晓峰、王达力、张志国、李萍、谢玉彬、张娜、丁慧明、陈静静、吕妍、孟祥娇参与野外取样、调查，感谢上海交通大学李俊祥教授提供森林小气候原始数据。其他各单位或个人需要引用和参考，请注明数据引自《中国生态系统定位观测与研究数据集·森林生态系统卷·浙江天童站（2007—2015)》。

需要说明的是，尽管在数据集整理过程中，我们进行了严格的质量控制，但编者水平有限，如有错误之处，欢迎读者批评指正。

编　者

2021年5月

CONTENTS

目录

第1章 台站介绍

1.1 概述

1.1.1 自然概况

浙江天童森林生态系统国家野外科学观测研究站（以下简称天童站）坐落于浙江省宁波市天童国家森林公园内，距宁波市区约 20 km。天童地区属中亚热带季风气候区，四季分明，年均温 16.2 ℃，其中 7 月平均温度为 28.1 ℃（全年最热），1 月平均温度为 4.2 ℃（全年最冷），平均降水量为 1 374.7 mm，大多集中于 6～8 月，雨热同期。天童地区土壤类型为山地黄红壤，成土母质为中生代的沉积岩和部分酸性火成岩以及石英砂岩和花岗岩的残积风化物，土壤 pH 范围为 4.4～5.1。

1.1.2 区域和生态系统代表性

天童站所在区域属于浙闽山地常绿阔叶林生态区，位于浙闽丘陵东部，是典型常绿阔叶林的主要分布地区。站区所在地天童国家森林公园内的常绿阔叶林面积占整个公园面积的 78%，以栲、木荷、米槠、云山青冈、石栎等浙闽生态区低海拔典型常绿阔叶林植物为优势种。站区内的常绿阔叶林群落高 20～25 m，层次丰富，层间植物发达，具有典型常绿阔叶林外貌特征。

天童地区的常绿阔叶林与其他地区常绿阔叶林联系广泛，反映了我国亚热带东部地区的典型特征。如：天童站区优势种栲、米槠等，不仅在我国东部中亚带地区广泛分布，在西部常绿阔叶林中也具有一定数量；以米槠、云山青冈为优势种的常绿阔叶林也广泛分布于我国台湾山地；以米槠近缘种日本米槠为优势种的常绿阔叶林广布于日本，其与天童地区以米槠为优势种的常绿阔叶林在群落的种类组成上十分相似；在天童部分地段分布的以赤皮青冈为优势种的常绿阔叶林在日本南部的分布也相当广泛。

天童国家森林公园及其周边生态系统具有我国东部人类活动干扰地区的典型特征。近几十年来，随着经济的高速发展，我国经济发达的低海拔地区成熟的天然林几乎不存在了。天童地区具有 1 700 多年历史的天童寺的存在，使得该地常绿阔叶林生态系统得以保存下来，而在周边地区存在着向常绿阔叶林演替的各类过渡植被类型。在这里进行长期定位观测和研究，既可以探索地带性生态系统的结构、功能和过程，又可以揭示人类活动干扰地区成熟森林生态系统的演变规律，也是开展受损森林生态系统生态恢复与重建的理想基地，对森林生态系统的可持续管理以及生态恢复具有重大科学意义和实践意义，对于全球的常绿阔叶林研究也具有重要的参考价值。

1.2 研究方向

1.2.1 目标与任务

1.2.1.1 观测目标与任务

以满足生态学及相关的环境、地学等学科的常规野外观测与专项科学研究为目标，通过优化联网站点布局，建立以天童站为中心的区域性联合观测网络，围绕核心科学问题，分层次、分系统开展以常绿阔叶林为主要研究对象的多尺度、多过程、多途径的综合集成长期观测，为基础研究以及国家和区域的宏观决策提供高质量的基础数据和共享服务。

1.2.1.2 研究目标与任务

聚焦常绿阔叶林生物多样性维持和物种共存机制及其对气候变化的反馈机制等科学前沿问题，围绕长江三角洲资源可持续利用和生态恢复的现实需求，以天童区域性联合观测网络为平台，深入探讨常绿阔叶林物种组成、结构与功能及其对区域环境变化的响应与适应机制，开展退化常绿阔叶林的保护与恢复研究与示范服务，发展具有我国特色的常绿阔叶林生态学研究理论方法体系，使天童站成为在国际上具有重大影响、国内一流的亚热带森林生态系统科学观测与研究的重要基础平台，同时成为我国亚热带区域生态恢复技术的重要研发与应用示范基地，力争成为全球亚热带常绿阔叶林的科学研究中心。

1.2.2 主要研究方向

1.2.2.1 常绿阔叶林生态系统物种组成、结构与功能

通过生物地理学、植物生态学和分子生态学等多学科交叉融合，研究我国亚热带植被类型、分布及重要生物类群多样性，常绿阔叶林物种多样性维持机制与保育策略，植被结构与功能的耦合关系，揭示我国常绿阔叶林的起源和演化过程、物种共存机制和生态系统功能维持机理。

1.2.2.2 常绿阔叶林生态系统对区域环境变化的响应与适应

针对气候变化（如极端干旱、氮沉降等）带来的生态风险，结合控制实验、整合分析和数据反演等方法，研究典型生态系统结构、过程和功能对区域环境变化的响应特征和反馈机制，通过生物地球化学循环模型的评估与发展，预测陆地生态系统对全球气候变化的响应和适应对策。

1.2.2.3 常绿阔叶林生态系统的保护与恢复

研究濒危珍稀植物扩散、更新机制及保育策略，探讨受损常绿阔叶林生态系统的退化机制、恢复机理，开发常绿阔叶林生态系统快速恢复技术，开展中幼林近自然化改造和多目标经营等示范工程建设，为提升区域生态服务功能提供技术支撑。

1.3 近期研究成果

1.3.1 科研成果概述

天童站2013—2017年共出版中文专著2本，发表论文264篇，第一标注论文175篇，占66.3%。第一标注论文中SCI论文103篇，其中中国科学院一区论文12篇，二区论文19篇，多篇论文发表在*Ecology*、*Global Change Biology*、*Proceedings*、*Biological Sciences*、*Molecular Ecology*、*Journal of Geophysical Research*：*Biogeosciences*及*Journal of Vegetation Science*等国际主流期刊上。

1.3.2 代表性成果

1.3.2.1 代表性成果1

常绿阔叶林生态系统生物多样性丰富，是森林物种组成、结构与功能研究中重要的研究对象。因此，我们通过厘清常绿阔叶林的分类体系，利用大型动态样地监测、植物功能性状测量和分子遗传标记等方法，阐明了常绿阔叶林的物种分布格局及其生态学过程，揭示了不同物种间的相互作用和协同进化关系及亲缘地理分布格局，为生物多样性保护提供了理论依据。

（1）建立了常绿阔叶林新分类体系

常绿阔叶林分布区占我国国土面积的1/4，主要分布于我国经济发达、人口密集的长江流域。由

于常绿阔叶林的复杂性，其分类问题一直是植被生态学研究中的难点问题，在宋永昌先生的主持下，我们撰写了《中国常绿阔叶林分类·生态·保育》一书，尝试建立了新的中国常绿阔叶林分类体系，并在基本分类单位群丛一级进行了界定和描述，总结了中国常绿阔叶林的生态过程与保育策略，并公布了长期积累的常绿阔叶林调查数据（宋永昌，2013），为常绿阔叶林基础研究以及长江经济带的植被保护与恢复提供了基础数据和理论支撑。

（2）阐明了常绿阔叶林的物种分布格局及其生态学过程

常绿阔叶林树种的聚集格局通常由扩散限制过程和环境过滤过程共同决定，其中扩散限制主要影响群落的更新阶段，幼苗优势种的新生个体呈现聚集格局，但会受到同种凋落叶介导的负密度制约过程的抑制，从而维持群落物种共存（Liu et al.，2016）。植物干材性状在区域尺度上较大的变异程度反映了环境过滤对群落结构的贡献；叶片性状变异随生态尺度变化的相对独立性有利于增加物种的生态位维度，从而有利于物种共存（Kang et al.，2014）。中亚热带常绿阔叶林总是混生有一定数量的落叶树种，环境异质性是常绿类群和落叶树种镶嵌分布的主要驱动机制（Fang et al.，2017）；同时，常绿树种和落叶树种在资源利用策略上的保守性差异有利于两者共存（Zhao et al.，2017）。通过空间统计分析发现，不同聚集过程的相对重要性存在较大的种间差异（Shen et al.，2013），且会随个体发育过程发生变化（Yang et al.，2016）。

（3）厘清了薜荔与其传粉小蜂间的协同进化和亲缘地理格局

榕属植物与其传粉小蜂构成了紧密的、专一性很强的共生关系。薜荔是亚热带地区分布最广、最北的榕属植物，也是常绿阔叶林常见的藤本植物。分子标记发现，薜荔传粉榕小蜂分别于600万年前和472万年前分化形成了3种传粉小蜂，分别源于台湾海峡的形成和武夷山脉的隆升，而薜荔种内分化程度较低，仅分化为薜荔原变种和爱玉子。薜荔传粉小蜂分布区基本上不重叠，第四纪冰期时位于不同的避难所，并且冰期后它们的扩张模式和时间存在差异。第四纪冰期后海平面上升导致舟山群岛形成，这一破碎化过程显著影响了传粉小蜂的遗传结构，但对薜荔遗传结构的影响不大，其主要原因在于两者世代长度差异明显、种群大小波动不同，此外部分岛屿上存在的另一种传粉小蜂也促进了不同薜荔种群间的基因交流（Liu et al.，2013）。根据叶绿体DNA和核DNA扩散方式的不同，推导出解析传粉小蜂种群间扩散花粉效率的公式，并计算了薜荔传粉小蜂的扩散效率（Liu et al.，2015）。

1.3.2.2 代表性成果2

近5年来，结合野外控制实验、数据整合、模型模拟和数据反演等方法，开展了陆地生态系统关键过程（如碳循环）对区域环境变化响应的内在机制的研究及模拟，揭示了土壤碳循环-气候变化反馈的调控机理，厘清了生物和气候因素对陆生生态系统区域碳收支年际变异及其空间格局的调控机制，揭示了碳循环模型模拟和参数估计的不确定性来源及其发生机制，研究结果为寻找降低模型预测陆地生态系统碳循环对气候变化响应的不确定性提供了理论基础和有效途径。

（1）揭示了土壤碳循环-气候变化反馈的调控

土壤呼吸中根系呼吸和土壤微生物呼吸对气候变暖的响应存在差异（Chen et al.，2016）。其中，土壤微生物呼吸速率对气候变暖的响应受生物因素（凋落物基质类型和微生物群落组成）的调控（Hu et al.，2017），土壤微生物呼吸温度敏感性对气候变暖的响应则受到碳滞留时间的影响（Chen et al.，2016；Yan et al.，2017）。气候变暖、CO_2浓度升高、干旱和氮沉降等气候变化因子相互组合，对土壤呼吸产生协同和拮抗作用（Zhou et al.，2016），而单个气候变化因子（如氮沉降）对土壤呼吸组分及组分之一：凋落物分解的速率的影响则受到氮沉降量和凋落物养分特征的调控（Gao et al.，2014；Zheng et al.，2017）。该研究结果为降低模型预测陆地生态系统碳循环对气候变化响应的不确定性提供了理论基础。

（2）厘清了区域尺度上生物和气候因素对陆生生态系统碳收支年际变异及其空间格局的调控机制

量化了生物效应（57%）和气候效应（43%）对全球陆地碳收支年际变异的相对贡献，并确定了干旱对生物效应和气候效应相对贡献的调控作用（Shao et al.，2015）。进一步明确了气候因子对碳收支年际变异的直接和间接影响途径（如通过水分状况），并确定生物因子（如生态系统类型）对碳收支空间格局调控的重要性（Shao et al.，2016a，2016b）。该结果为模拟和预测陆地生态系统碳收支的年际变异提供了理论指导。

（3）揭示了碳循环模型模拟和参数估计的不确定性来源及其发生机制，找到一些降低碳循环模型等地球系统模式预测未来气候变化不确定性的途径

发现生态系统尺度碳循环的短期和长期模拟的不确定性均受到模型结构和观测数据的影响（Du et al.，2017），区域和全球尺度碳循环模拟不确定性的主要来源则是模型结构（Yan et al.，2017）差异。针对净生态系统初级生产力模拟的模型的比较研究也发现，模型间净初级生产力的模拟差异由模型间总光合作用和碳利用效率的模拟差异联合控制，其中总光合作用和碳利用效率的模拟不确定性来源于比叶面积和最大羧化速率等参数化过程（Xia et al.，2017）。而在参数化过程中，碳通量观测数据和生物计量数据则分别对生态系统光合及呼吸作用相关的参数和与生态系统碳库周转相关的参数具有约束性。上述工作对减小区域和全球尺度碳循环模型模拟的不确定性提供了新思路和新途径。

1.3.2.3 代表性成果3

常绿阔叶林作为我国最具特色的森林生态系统，其受损后的恢复机制研究始终是我国植被生态学研究的重点。我们以常绿阔叶林自然演替规律为理论基础，结合自然和人为干扰后森林的动态恢复策略，开展近自然林经营理论的应用，取得了较好的示范效果。

（1）厘清了演替系列植物功能性状的变化规律

树木构型根据森林演替、森林垂直层次高度而变化，光线是驱动树木构型变化的主要原因（Yang et al.，2015），反映了物种功能类群由阳性先锋植物向耐阴植物转化的过程（杨晓东等，2013）。演替中后期，森林地上生物量与生物多样性的关系主要取决于群落结构层次多样性、物种的功能属性和种内变异特征，其中，森林垂直层次间物种保守型和奢侈型功能策略的差异是驱动地上生物量变异的主要因素（Ali et al.，2017b）。上木层物种的树高功能特性与较低功能多样性有利于提高地上生物量；在下木层，耐瘠薄资源的物种通过生态位互补提高其地上生物量（Ali et al.，2017a）。因此，在森林恢复过程中，维持森林群落结构层次多样性，能够有效地增加森林的碳储量（Ali et al.，2016a）。随着演替的进行，土壤细根生物量和可矿化碳库储量的增加会引起土壤碳固持量的增加（孙宝伟等，2013），生态系统碳和养分循环也随演替的进行不断优化（马文济等，2014）。以上结果为促进受损森林生态系统的恢复提供了理论基础。

（2）阐明了自然和人为干扰前后的森林恢复策略

自然状态下，常绿阔叶林受到较大规模干扰后，能够在几十年之内恢复，而且频繁的林窗干扰反而有利于群落演替。其中，台风带来的强降雨是造成天童地区林窗形成的主要原因（张志国等，2013），而林窗周围可繁殖径级个体所产生的种子是林窗干扰后森林恢复的重要种源（刘何铭等，2015）。因此，人为打开林窗、增加透光性并补充必要的种源，能够加快森林的演替过程。然而，在人为砍伐干扰后，森林群落除了会依赖外部种源进行恢复外，也会通过原有个体萌枝的方式进行更新恢复（Shang et al.，2014）。以上研究发现为选择适合的近自然林经营方式提供了理论保障。

（3）建立了近自然林经营技术示范模板

以森林自然演替规律和恢复策略为理论基础，结合国内外林业专家的相关建议，与宁波市林业局和德国联邦环境署合作，建立了宁波市中德林业合作营林示范样点，推广近自然林经营技术，将抽象的近自然经营理念转化为实用指南。2013—2017年，经过5年的时间，示范样点内林木生长态势良好，各项群落和环境指标不断优化，得到了宁波市林业局的高度肯定。2018年天童站与宁波市林业局合作成立了宁波市近自然林研究中心，以深化已有的近自然林经营的理论研究成果。

1.4 支撑条件

1.4.1 土地使用保障

在前期土地使用合同的基础上，2005 年学校与天童站所在的天童林场续签 50 年的站区土地使用协议，后续随着观测工作的需要，又与天童林场签署了综合观测样地、气象观测样地等土地使用协议。同时其他样地和观测设施的用地也得到林场和宁波市林业局的大力支持。

1.4.2 野外用房及设施

天童站共有科研和生活用房面积 2 675 m^2。其中科研用房 1 020 m^2，主要用于室内理化分析、样品储藏、仪器储藏、图书资料阅览、日常办公；生活用房面积 1 655 m^2，主要用于住宿和就餐。

天童站于 2011 年进行了弱电工程改造和升级，实现了站区 Wi-Fi 和监控摄像头的全覆盖，2017 年将接入升级至 50 Mb/s 的高速光纤。2014 年实验楼安装了门禁系统，管理人员可以更为高效地为实验人员分配实验用房，实验人员经授权后需刷卡方可进入各实验室。

1.4.3 仪器设备情况

在依托单位的大力支持下，天童站现拥有各类野外观测、室内分析仪器设备 640 台（套），固定资产总值约 1 881 万元。在新的“双一流”建设中，华东师范大学成为世界一流大学建设高校，学校生态学成为世界一流建设学科。学校在对生态学科重点建设投入的同时，专门为天童站设立了野外公共服务平台。该平台以天童站为中心，辐射我校地学、环境科学、生物学等学科，构建多层次、区域性的野外科学观测和研究平台。该平台通过先进的仪器设备和物联网技术的结合，构建从个体到生态系统及景观的地空一体化森林生态系统格局与过程的观测系统，搭建数据存储、处理和展示的生态云平台，实现数据和仪器设备的共享。

第2章

主要样地与观测设施

2.1 概述

天童站在开展常规野外监测和特色研究观测的基础上，通过整合常规观测场、研究样地等实验场地，已建成常绿阔叶林次生演替系列样地等6个长期观测样地和研究平台（图2-1，表2-1），建有综合气象观测场和径流观测场等观测设施（表2-2），构建了基础研究和应用示范相结合的观测研究体系。为充分发挥长期定位观测平台的优势，2017年底，在依托单位华东师范大学的支持下，天童站启动天童野外公共服务平台的建设，以增强台站在长期联网监测、仪器和数据共享方面的能力。

图2-1 天童站长期观测样地和研究平台

表2-1 主要样地一览表

类型	序号	样地代码	采样地名称	备注
综合观测样地	1	TTFZH01	栲树林综合观测场	常绿阔叶林次生演替系列样地
辅助观测样地	2	TTFFZ01	木荷林辅助观测场	
辅助观测样地	3	TTFFZ02	马尾松林辅助观测场	
辅助观测样地	4	TTFFZ03	檵木-石栎次生常绿灌丛辅助观测场	

（续）

类型	序号	样地代码	采样地名称	备注
研究样地	5	TTFSY01	20 hm^2 森林动态监测样地	常绿阔叶林次生演替系列样地
研究样地	6	TTFSY02	植物功能性状研究样地	
研究样地	7	TTFSY05	亚热带极端干旱实验样地	
研究样地	8	TTFSY03	氮磷施肥实验样地	
研究样地	9	TTFSY06	市林场杉木-日本扁柏人工针叶林示范样地	中幼林抚育示范样地
研究样地	10	TTFSY07	亭下水库林场示范样地	
研究样地	11	TTFSY08	天童林场示范样地	

表 2-2　主要观测设施一览表

类型	序号	观测设施名称	所在样地名称
气象观测设施	1	自动气象观测站	综合气象观测场
径流观测设施	2	径流观测场	栲树林综合观测场、木荷林辅助观测场

2.2　主要样地介绍

2.2.1　常绿阔叶林次生演替系列样地

该平台沿次生演替系列设立，包括从常绿阔叶林演替前期（石栎-木荷次生常绿灌丛）、演替中后期（木荷林）到演替顶级阶段（栲树林）3 个观测场。后两个观测场同时也是 CNERN（国家生态系统观测研究网络）的常规观测场。

栲树林综合观测场（TTFZH01）位于天童国家森林公园天童寺旁边，是保护得比较完整的森林核心地带，该观测场始建于 1992 年，2007 年扩建观测投影规格为 50 m×50 m，海拔为 196 m，地理位置为 121°47′12″E，29°48′29″N。地貌特征为低山山地，坡度为 20°～26°，坡向西北，坡位坡中。观测场内群落高 20～25 m，群落结构可分为乔木层、灌木层、草本层和层间植物，其中乔木层可分为 3 个亚层。乔木层以栲、米槠和木荷为标志种，另有少量的木荷和枫香树，层高度为 15～25 m，盖度为 90%。灌木层层高度为 1.5～5 m，盖度为 100%，主要由毛花连蕊茶、细齿叶柃和羊舌树组成，另有一些栲幼树和交让木，第三层为草本植物层。观测场地表凋落物较厚，分解较快，土壤肥沃，土类为红黄壤，亚类为黄壤；土壤母质为沉积岩，无侵蚀情况。

木荷林辅助观测场（TTFFZ01）建于 1992 年，2007 年扩建观测投影规格为 50 m×50 m，海拔为 163 m，地理位置为 121°47′18″E，29°47′9″N。地貌特征为低山山地，坡度为 20°，坡向西北，坡位坡中。群落高 15～20 m，群落结构可分为乔木层、灌木层、草本层和层间植物。乔木层以木荷为主，另有少量的马尾松、石栎和苦槠，层高度为 12～20 m，盖度为 80%。灌木层主要以马银花、山矾和窄基红褐柃为主，伴有老鼠矢、海桐山矾和毛花连蕊茶等常绿灌木，层高度为 1.5～5 m，盖度为 100%，第三层为草本植物层。观测场地表枯枝落叶较厚，分解较快，土壤较肥沃，土类为红黄壤，亚类为黄壤；土壤母质为沉积岩，无侵蚀情况。

马尾松林辅助观测场（TTFFZ02）位于防火道右侧，为人工次生林。该观测场始建于 2007 年，地理位置为 121°47′12″E，29°47′58″N，观测场投影规格为 50 m×50 m，海拔为 135 m。地貌特征为低山山地，坡度为 15°，坡向西北，坡位坡中。群落高度为 10～16 m，群落可分为三层：乔木层，主要由针叶树种马尾松和常绿阔叶树木荷组成，高度为 10～16 m，盖度为 80%；灌木层，层高度为 1.5～5 m，盖度为 100%，主要由檵木、马银花和山矾组成；草本植物层。观测场地表枯枝落叶较薄，主要为马尾松落叶，分解差，土壤贫瘠，土类为红黄壤，亚类为黄壤；土壤母质为沉积岩，无侵蚀情况。

檵木-石栎次生常绿灌丛辅助观测场（TTFFZ03）位于防火道左侧，观测场内是比较典型的次生植被。该观测场始建于 2007 年，观测场投影规格为 50 m×50 m，海拔为 164 m，地理位置为 121°47′10″E，29°48′2″N。地貌特征为低山山地，坡度为 22°，坡向西北，坡位坡中。该群落分为三层：第一层主要由幼龄阶段的木荷、马尾松和石栎组成，群落高度为 5～7 m，层盖度约 60%，第二层主要由檵木、苦槠、石栎和山矾等常绿阔叶树种组成，高度为 2～4 m，层盖度为 100%，第三层为草本植物层。观测场地表枯枝落叶较厚，分解较快，土壤比较肥，土类为红黄壤，亚类为黄壤；土壤母质为沉积岩，无侵蚀情况。

2.2.2 20 hm² 森林动态监测样地

天童 20 hm² 森林动态监测样地（TTFSY01）旨在通过监测植物的种子散布、更新、生长、死亡过程以及树木空间信息和环境因子信息等在群落水平上探讨生物多样性的维持机制。目前，该样地已被纳入全球森林监测网络（ForestGEO）和中国森林生物多样性监测网络（CForBio）。

天童 20 hm² 森林动态监测样地始建于 2008 年，位于浙江省宁波市天童国家森林公园核心保护区（121°46′57″—121°47′17″E，29°48′42″—29°48′56″N）2008 年利用全站仪将投影规格为 500 m（东西方向）×400 m（南北方向）的天童样地划分成 500 个 20 m×20 m（投影规格）的样方，并测量了样方各顶点的海拔。样地最高海拔为 602.89 m，最低海拔为 304.26 m，平均海拔为 447.25 m。样地每隔 5 年进行一次调查，目前已于 2010 年和 2015 年完成两次调查工作。群落学特征调查结果显示：该样地内共有胸径≥1 cm 的木本植物 154 种 94 616 株，隶属 52 科 97 属；常绿物种在样地内占绝对优势；重要值最大的 3 个科依次为山茶科、樟科和壳斗科；重要值最大的为细枝叶柃（*Eurya loquaiana*）、黄丹木姜子（*Litsea elongata*）和南酸枣（*Choerospondias axillaris*）。作为基础研究平台，样地持续开展的调查和监测内容还有：①林窗定位和跟踪调查（2011 年和 2016 年）；②凋落物收集及种类鉴定（2011 年开始）；③幼苗监测（2012 年开始）。

2.2.3 植物功能性状研究样地

植物功能性状研究样地（TTFSY02）设立于 2010 年 8 月，在已有的 20 hm² 森林多样性动态监测样地中选取 5 hm² 样地。按照动态样区标准，5 hm² 样地被划分为 125 个 20 m×20 m 样方，测定样地内胸径≥1 cm 的每株木本植物的功能性状。核心观测项目：2010—2013 年的生长季 108 个物种 20 253 株植物每木个体的单叶面积、比叶面积、干物质含量和胸径，每个物种的干材密度和种子重量，以及 1 hm² 样地内 3 613 株植物每木个体的树冠构型特征等。

2.2.4 亚热带极端干旱实验样地

亚热带极端干旱实验样地（TTFSY05）设立于 2012 年 8 月，位于以木荷为优势种的常绿阔叶林内，目的为研究亚热带常绿阔叶林对极端干旱的响应。共设置 9 个样方，样方规格均为 20 m×20 m。实验设置减少 70%穿透雨的干旱处理、采光干扰处理和对照处理，每个处理 3 个重复。2013 年开始在样地开展土壤呼吸、其他碳氮水循环关键环节和树木生长的跟踪观测。2017 年开始基于无人机航拍和相机自动拍照技术开展林冠层物候和林冠下方幼树物候的动态连续监测工作。

2.2.5 氮磷施肥实验样地

氮磷施肥实验样地（TTFSY03）设立于 2010 年 12 月。位于站区木荷群落内，共设置 18 个样方，样方规格均为 20 m×20 m。实验设置 5 种施肥处理，分别为低氮［50 kg/（hm^2·a），N］，高氮［100 kg/（hm^2·a），N］，磷［50 kg/（hm^2·a），P］、低氮＋磷［50 kg/（hm^2·a）＋50 kg/（hm^2·a），N＋P），高氮＋磷［100 kg/（hm^2·a）＋50 kg/（hm^2·a），N＋P），同时设置对照，每个处理 3 个重复。连续观测指标包括树木生长、凋落物生产量、土壤理化性状等。

2.2.6 中幼林抚育示范样地

基于示范样地，利用森林演替和潜在植被理论，开发受损常绿阔叶林快速恢复技术，推广森林近自然经营等现代抚育经营技术在亚热带区域的应用，指导亚热带区域低质人工林和次生中幼林的改造和抚育。目前在宁波市设有 3 个营林示范样点，包括永久示范样地 16 块，分别是宁波市市林场杉木-日本扁柏人工针叶林示范样点（TTFSY06）（样地 2 块）、奉化区亭下水库林场示范样点（TTFSY07）（木荷次生林、马尾松人工林、马尾松-枫香树林样地各 2 块）、鄞州区天童林场示范样点（TTFSY08）（木荷林、枫香树林样地各 4 块）。每个示范样点中，单块样地规格为 25 m×25 m 或 30 m×30 m，样地的 4 个顶点用石桩固定；每类森林至少设置 1 块抚育经营样地和 1 块对照样地；每块样地中设置 4 个灌木调查样方，规格均为 5 m×5 m，设置多个草本和木本幼苗调查样方，规格均为 1 m×1 m。对于每个监测样地，跟踪监测树木生长、幼苗更新与存活、微气象、土壤理化性状、叶面积指数等指标。

2.3 主要观测设施介绍

2.3.1 综合气象观测场

综合气象观测场始建于 2005 年，2009 年 4 月移至木荷林辅助观测场附近，主要用于常规气象监测。自动气象站的观测项目包括大气温湿度、大气压、海平面气压、总辐射、反射辐射、紫外辐射、净辐射、光合有效辐射、日照时数、风速、风向、降水量、土壤热通量、土壤不同深度温度（0 cm、5 cm、10 cm、15 cm、20 cm、40 cm、60 cm、100 cm），数据采集由数采器完成，采样频率为每小时 1 次。

2.3.2 径流观测场

径流观测场始建于 2010 年，包含 2 个径流观测小区，每个规格为 20 m×5 m。为使建成后径流观测场所观测的数据更好地服务于天童森林生态系统整体研究，同时又避免在径流观测场建设和后期维护过程中可能产生的影响，将径流观测场设置在栲树林综合观测场和木荷林辅助观测场附近，距离均在 100 m 内，且径流观测场内的地形、地质、植被、土壤等条件与两个观测场基本一致。

第3章

联网长期观测数据集

3.1 生物联网长期观测数据集

3.1.1 群落生物量数据集

3.1.1.1 概述

本数据集包括天童站2008—2017年常绿阔叶林次生演替系列样地［栲树林综合观测场（TTFZH01）、木荷林辅助观测场（TTFFZ01），檵木-石栎次生常绿灌丛辅助观测场（TTFFZ03）］植物群落生物量的数据，包括调查年份、样地代码、样地（方）面积、群落层次和生物量，调查频率为5年1次。样地的基本信息见2.2.1。

3.1.1.2 数据采集和处理方法

每个样地分群落层次获得每个物种的生物量，进而获得不同层次群落的生物量。群落层次分为乔木层、亚乔木层、灌木层和草本层。乔木层、亚乔木层、灌木层根据样地每木调查获得的胸径数据，采用生物量方程计算个体生物量（3.1.2），将每个样地内个体生物量累加求和，再计算单位面积（每m^2）的生物量，形成样地尺度的数据产品。草本层生物量采用收获法得到每个二级样方内每个物种的地上生物量，再累加求和计算单位面积生物量。在质控数据的基础上，以年和样地为基础单元，统计不同群落层次上的结果。

生物量方程的使用：①乔木层和亚乔木层树种首先采用本地区相应树种的生物量方程，无对应方程优先选择同属树种替代，其他乔木层、亚乔木层树种采用该地区该类森林相应径级的一般方程计算，生物量方程参考周国逸等（2018）著的《中国森林生态系统碳储量——生物量方程》；②灌木层树种采用该地区该类森林相应径级的一般方程计算，生物量方程参考周国逸等（2018）著的《中国森林生态系统碳储量——生物量方程》。

3.1.1.3 数据质量控制和评估

（1）对比历年数据进行整理和质量控制，对异常数据进行核实。

（2）每木调查规范化控制。每木调查获得的数据是生物量计算的基础，通过规范化调查，避免调查缺失，建立每个个体不同年份间的数据对比关系，准确获得生物量间的年际变化。

（3）生物量方程的比较与选择。分物种，尤其是针对优势物种选择合适的生物量方程。在不同年份采用相同的生物量方程，确保不同年份间生物量可比。

3.1.1.4 数据价值

群落不同物种的生物量以及各物种生物量是动态变化的，可以从生物量这一指标维度探究森林群落演替过程，对于探讨在演替过程下生物量与群落结构复杂性、物种多样性的相关关系及其变化等方面的工作具有重要价值。

3.1.1.5 数据

常绿阔叶林次生演替系列样地植物群落生物量见表3-1。

表3-1 常绿阔叶林次生演替系列样地植物群落生物量

年份	样地代码	样地（方）面积/m^2	群落层次	生物量/（kg/m^2）
2017	TTFZH01	2 500	乔木层	14.89
2017	TTFZH01	2 500	亚乔木层	0.54
2017	TTFZH01	500	灌木层	0.33
2017	TTFZH01	40	草本层	0.07
2017	TTFFZ01	2 500	乔木层	23.82
2017	TTFFZ01	2 500	亚乔木层	0.12
2017	TTFFZ01	500	灌木层	0.66
2017	TTFFZ01	40	草本层	0.04
2017	TTFFZ03	2 500	乔木层	11.42
2017	TTFFZ03	2 500	亚乔木层	3.53
2017	TTFFZ03	500	灌木层	0.84
2017	TTFFZ03	40	草本层	0.02
2012	TTFZH01	2 500	乔木层	15.04
2012	TTFZH01	2 500	亚乔木层	0.26
2012	TTFZH01	500	灌木层	0.63
2012	TTFFZ01	40	乔木层	23.96
2012	TTFFZ01	2 500	亚乔木层	0.20
2012	TTFFZ01	500	灌木层	0.67
2012	TTFFZ03	2 500	乔木层	6.70
2012	TTFFZ03	2 500	亚乔木层	3.44
2012	TTFFZ03	500	灌木层	1.80
2008	TTFZH01	2 500	乔木层	14.52
2008	TTFZH01	2 500	亚乔木层	0.04
2008	TTFZH01	500	灌木层	0.47
2008	TTFFZ01	2 500	乔木层	19.45
2008	TTFFZ01	2 500	亚乔木层	0.24
2008	TTFFZ01	500	灌木层	0.64
2008	TTFFZ03	2 500	乔木层	3.65
2008	TTFFZ03	2 500	亚乔木层	1.84
2008	TTFFZ03	500	灌木层	0.95

注：具体调查时间为2008年1月、2012年8月和2017年8月，下同。

2008年、2012年和2017年，栲树林综合观测场（TTFZH01）植物群落总生物量分别为15.03 kg/hm^2、15.93 kg/hm^2、15.83 kg/m^2，木荷林辅助观测场（TTFFZ01）植物群落总生物量分别为20.33 kg/hm^2、24.83 kg/hm^2、24.64 kg/m^2，常绿灌丛辅助观测场（TTFFZ03）植物群落总生物量分别为6.44 kg/hm^2、11.94 kg/hm^2、15.81 kg/m^2。2008—2017年，次生演替系列植物群落总生物量先呈

增加趋势，之后趋于稳定（图 3－1）。

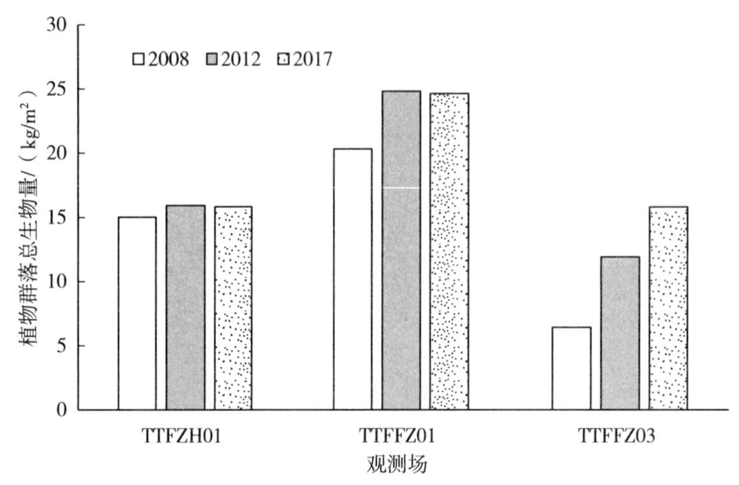

图 3－1　常绿阔叶林次生演替系列样地植物群落总生物量

3.1.2　分种生物量数据集

3.1.2.1　概述

本数据集包括天童站 2008—2017 年常绿阔叶林次生演替系列样地［栲树林综合观测场（TTFZH01）、木荷林辅助观测场（TTFFZ01）、檵木-石栎次生常绿灌丛辅助观测场（TTFFZ03）］植物群落分种生物量数据，包括调查年份、样地代码、样地面积、观测层次、地上生物量、地下生物量和株数（草本为频度），调查间隔为 5 年。样地的基本信息见 2.2.1。

3.1.2.2　数据采集和处理方法

在每个样地分群落层次获得每个物种的生物量。群落层次分为乔木层、亚乔木层、灌木层和草本层。乔木层、亚乔木层、灌木层生物量根据样地每木调查获得的胸径数据（详见 3.1.3），用生物量方程计算个体各器官（干、枝、叶和根）生物量，进而获得地上生物量（干、枝、叶）和地下生物量（根），将样地内单个物种的个体生物量累加求和，形成样地尺度的数据产品。草本层生物量采用收获法得到每个二级样方内每个物种的地上生物量，再累加求和计算单位面积生物量。为避免对长期观测样地的破坏，未收获草本层物种的地下生物量，对生物量较大的草本物种按比例收获后，再计算得到二级样方内生物量。调查频率为 5 年 1 次。在质控数据的基础上，以年和样地、群落层次为基础单元，统计每个物种地上和地下生物量。

生物量方程的使用见 3.1.1。

3.1.2.3　数据质量控制和评估

（1）对比历年数据进行整理和质量控制，对异常数据进行核实。

（2）每木调查规范化控制。每木调查获得的数据是生物量计算的基础，通过规范化调查，避免调查缺失，建立每个个体不同年份间的数据对比关系，准确获得生物量间的年际变化。

（3）生物量方程的比较与选择。分物种，尤其是针对优势物种选择合适的生物量方程。在不同年份采用相同的生物量方程，确保不同年份间个体生物量可比。

3.1.2.4　数据价值

森林分种生物量是精确计算群落生物量的基础，因此群落生物量数据的价值同样也是分种生物量的价值（详见 3.1.1）。除此以外，可以从生物量这一指标维度探究森林群落演替过程，对于探讨在演替过程下生物量与群落结构复杂性、物种多样性的相关关系及其变化等方面的工作具有重要价值。

3.1.2.5 数据

常绿阔叶林次生演替系列地植物群落分种生物量见表 3-2。

表 3-2 常绿阔叶林次生演替系列样地植物群落分种生物量

年份	样地代码	样地面积/m²	群落层次	植物种名	地上总干重/kg	地下总干重/kg	株数/株
2017	TTFZH01	2 500	乔木层	栲	19 445.52	5 077.87	57
2017	TTFZH01	2 500	乔木层	木荷	6 643.59	1 609.60	18
2017	TTFZH01	2 500	乔木层	虎皮楠	292.87	58.69	5
2017	TTFZH01	2 500	乔木层	柯	440.10	115.12	5
2017	TTFZH01	2 500	乔木层	檫木	1 555.55	379.73	3
2017	TTFZH01	2 500	乔木层	枫香树	864.75	178.90	2
2017	TTFZH01	2 500	乔木层	杨梅	105.65	20.52	2
2017	TTFZH01	2 500	乔木层	港柯	270.10	70.51	1
2017	TTFZH01	2 500	乔木层	细叶青冈	51.66	13.59	1
2017	TTFZH01	2 500	乔木层	香桂	31.36	5.35	1
2017	TTFZH01	2 500	亚乔木层	浙江新木姜子	283.92	44.47	27
2017	TTFZH01	2 500	亚乔木层	虎皮楠	175.82	28.03	14
2017	TTFZH01	2 500	亚乔木层	薯豆	114.55	18.57	8
2017	TTFZH01	2 500	亚乔木层	细枝柃	61.54	9.31	8
2017	TTFZH01	2 500	亚乔木层	薄叶山矾	48.77	7.45	6
2017	TTFZH01	2 500	亚乔木层	披针叶山矾	85.79	13.86	6
2017	TTFZH01	2 500	亚乔木层	短梗冬青	56.63	9.19	4
2017	TTFZH01	2 500	亚乔木层	红楠	23.53	3.56	3
2017	TTFZH01	2 500	亚乔木层	毛花连蕊茶	22.08	3.34	3
2017	TTFZH01	2 500	亚乔木层	栓叶安息香	54.34	9.03	3
2017	TTFZH01	2 500	亚乔木层	细齿叶柃	32.51	5.11	3
2017	TTFZH01	2 500	亚乔木层	香桂	22.56	3.40	3
2017	TTFZH01	2 500	亚乔木层	杨梅	39.26	6.33	3
2017	TTFZH01	2 500	亚乔木层	老鼠矢	15.48	2.34	2
2017	TTFZH01	2 500	亚乔木层	小果山龙眼	13.04	1.94	2
2017	TTFZH01	2 500	亚乔木层	杨桐	11.66	1.71	2
2017	TTFZH01	2 500	亚乔木层	窄基红褐柃	12.68	1.88	2
2017	TTFZH01	2 500	亚乔木层	格药柃	5.41	0.79	1
2017	TTFZH01	2 500	亚乔木层	光亮山矾	7.74	1.17	1
2017	TTFZH01	2 500	亚乔木层	光叶石楠	12.30	1.94	1
2017	TTFZH01	2 500	亚乔木层	栲	8.90	2.40	1
2017	TTFZH01	2 500	亚乔木层	榄绿粗叶木	7.43	1.12	1
2017	TTFZH01	2 500	亚乔木层	罗浮柿	6.01	0.89	1
2017	TTFZH01	2 500	亚乔木层	马银花	17.50	2.86	1
2017	TTFZH01	2 500	亚乔木层	赛山梅	5.41	0.79	1
2017	TTFZH01	2 500	亚乔木层	樟	16.01	2.59	1

（续）

年份	样地代码	样地面积/m²	群落层次	植物种名	地上总干重/kg	地下总干重/kg	株数/株
2017	TTFZH01	500	灌木层	毛花连蕊茶	16.76	3.92	27
2017	TTFZH01	500	灌木层	窄基红褐柃	7.08	2.11	16
2017	TTFZH01	500	灌木层	檵木	12.98	2.86	13
2017	TTFZH01	500	灌木层	栲	3.36	1.16	11
2017	TTFZH01	500	灌木层	柯	28.38	4.54	10
2017	TTFZH01	500	灌木层	短梗冬青	4.54	1.21	8
2017	TTFZH01	500	灌木层	杉木	16.51	2.82	7
2017	TTFZH01	500	灌木层	细枝柃	10.24	1.80	6
2017	TTFZH01	500	灌木层	山矾	12.85	2.03	5
2017	TTFZH01	500	灌木层	浙江新木姜子	0.90	0.36	5
2017	TTFZH01	500	灌木层	薄叶山矾	0.79	0.31	4
2017	TTFZH01	500	灌木层	木荷	3.73	0.78	4
2017	TTFZH01	500	灌木层	虎皮楠	1.33	0.39	3
2017	TTFZH01	500	灌木层	披针叶山矾	0.54	0.22	3
2017	TTFZH01	500	灌木层	狗骨柴	2.78	0.54	2
2017	TTFZH01	500	灌木层	红楠	0.84	0.27	2
2017	TTFZH01	500	灌木层	马银花	1.75	0.43	2
2017	TTFZH01	500	灌木层	铁冬青	3.09	0.64	2
2017	TTFZH01	500	灌木层	细叶青冈	0.36	0.15	2
2017	TTFZH01	500	灌木层	杨桐	0.23	0.11	2
2017	TTFZH01	500	灌木层	笔罗子	0.18	0.07	1
2017	TTFZH01	500	灌木层	檫木	0.52	0.15	1
2017	TTFZH01	500	灌木层	格药柃	1.01	0.24	1
2017	TTFZH01	500	灌木层	褐叶青冈	0.29	0.10	1
2017	TTFZH01	500	灌木层	海桐山矾	0.20	0.08	1
2017	TTFZH01	500	灌木层	苦槠	0.38	0.12	1
2017	TTFZH01	500	灌木层	老鼠矢	0.14	0.06	1
2017	TTFZH01	500	灌木层	罗浮柿	0.28	0.10	1
2017	TTFZH01	500	灌木层	拟赤杨	1.82	0.36	1
2017	TTFZH01	500	灌木层	赛山梅	0.21	0.08	1
2017	TTFZH01	500	灌木层	细齿叶柃	0.17	0.07	1
2017	TTFZH01	500	灌木层	香桂	0.05	0.03	1
2017	TTFZH01	500	灌木层	小果山龙眼	0.45	0.14	1
2017	TTFZH01	500	灌木层	小叶青冈	0.61	0.17	1
2017	TTFZH01	40	草本层	里白	2.14	—	8
2017	TTFZH01	40	草本层	狗脊	0.56	—	5
2017	TTFZH01	40	草本层	豹皮樟	0.00	—	3
2017	TTFZH01	40	草本层	栲	0.00	—	3

（续）

年份	样地代码	样地面积/m²	群落层次	植物种名	地上总干重/kg	地下总干重/kg	株数/株
2017	TTFZH01	40	草本层	草珊瑚	0.03	—	2
2017	TTFZH01	40	草本层	黑足鳞毛蕨	0.04	—	2
2017	TTFZH01	40	草本层	红凉伞	0.01	—	2
2017	TTFZH01	40	草本层	毛花连蕊茶	0.00	—	2
2017	TTFZH01	40	草本层	浙江苔草	0.01	—	2
2017	TTFFZ01	2 500	乔木层	木荷	45 977.32	10 587.12	235
2017	TTFFZ01	2 500	乔木层	柯	1 290.30	337.71	15
2017	TTFFZ01	2 500	乔木层	杨梅	271.97	58.17	4
2017	TTFFZ01	2 500	乔木层	细叶青冈	430.00	110.96	3
2017	TTFFZ01	2 500	乔木层	苦槠	186.35	49.56	2
2017	TTFFZ01	2 500	乔木层	海桐山矾	95.30	21.23	1
2017	TTFFZ01	2 500	乔木层	虎皮楠	108.43	24.90	1
2017	TTFFZ01	2 500	亚乔木层	木荷	79.52	13.47	3
2017	TTFFZ01	2 500	亚乔木层	薯豆	17.33	2.54	3
2017	TTFFZ01	2 500	亚乔木层	小果山龙眼	44.63	7.23	3
2017	TTFFZ01	2 500	亚乔木层	虎皮楠	16.06	2.44	2
2017	TTFFZ01	2 500	亚乔木层	细齿叶柃	20.94	3.26	2
2017	TTFFZ01	2 500	亚乔木层	赤楠	5.41	0.79	1
2017	TTFFZ01	2 500	亚乔木层	红楠	8.37	1.28	1
2017	TTFFZ01	2 500	亚乔木层	栲	5.72	1.54	1
2017	TTFFZ01	2 500	亚乔木层	柯	11.66	3.07	1
2017	TTFFZ01	2 500	亚乔木层	马银花	0.51	0.06	1
2017	TTFFZ01	2 500	亚乔木层	米槠	7.26	1.96	1
2017	TTFFZ01	2 500	亚乔木层	披针叶山矾	11.23	1.76	1
2017	TTFFZ01	2 500	亚乔木层	细枝柃	6.01	0.89	1
2017	TTFFZ01	2 500	亚乔木层	杨梅	22.85	3.82	1
2017	TTFFZ01	500	灌木层	马银花	97.13	19.34	73
2017	TTFFZ01	500	灌木层	毛花连蕊茶	25.64	6.24	33
2017	TTFFZ01	500	灌木层	窄基红褐柃	26.61	6.10	29
2017	TTFFZ01	500	灌木层	山矾	18.69	4.61	25
2017	TTFFZ01	500	灌木层	米槠	13.72	3.08	15
2017	TTFFZ01	500	灌木层	杨梅	16.36	3.27	12
2017	TTFFZ01	500	灌木层	赤楠	5.25	1.41	9
2017	TTFFZ01	500	灌木层	栲	4.58	1.26	8
2017	TTFFZ01	500	灌木层	薄叶山矾	3.55	0.79	4
2017	TTFFZ01	500	灌木层	格药柃	6.03	1.22	4
2017	TTFFZ01	500	灌木层	海桐山矾	6.59	1.28	4
2017	TTFFZ01	500	灌木层	红楠	2.19	0.60	4

（续）

年份	样地代码	样地 面积/m²	群落层次	植物种名	地上总干重/ kg	地下总干重/ kg	株数/株
2017	TTFFZ01	500	灌木层	柯	1.69	0.53	4
2017	TTFFZ01	500	灌木层	小果山龙眼	2.74	0.71	4
2017	TTFFZ01	500	灌木层	短梗冬青	2.50	0.58	3
2017	TTFFZ01	500	灌木层	黄牛奶树	6.88	1.16	3
2017	TTFFZ01	500	灌木层	薯豆	8.42	1.22	3
2017	TTFFZ01	500	灌木层	细叶青冈	8.91	1.38	3
2017	TTFFZ01	500	灌木层	细枝柃	3.44	0.75	3
2017	TTFFZ01	500	灌木层	青冈	0.64	0.22	2
2017	TTFFZ01	500	灌木层	细齿叶柃	1.08	0.31	2
2017	TTFFZ01	500	灌木层	杨桐	2.53	0.56	2
2017	TTFFZ01	500	灌木层	褐叶青冈	2.45	0.44	1
2017	TTFFZ01	500	灌木层	华东木犀	1.26	0.28	1
2017	TTFFZ01	500	灌木层	黄丹木姜子	0.24	0.09	1
2017	TTFFZ01	500	灌木层	檵木	0.17	0.07	1
2017	TTFFZ01	500	灌木层	雷公鹅耳枥	3.19	0.52	1
2017	TTFFZ01	500	灌木层	江南越橘	1.14	0.26	1
2017	TTFFZ01	500	灌木层	披针叶山矾	0.17	0.07	1
2017	TTFFZ01	500	灌木层	浙江新木姜子	0.20	0.08	1
2017	TTFFZ01	40	草本层	柯	0.08	—	9
2017	TTFFZ01	40	草本层	狗脊	0.53	—	7
2017	TTFFZ01	40	草本层	菝葜	0.01	—	3
2017	TTFFZ01	40	草本层	里白	0.43	—	3
2017	TTFFZ01	40	草本层	芒萁	0.03	—	3
2017	TTFFZ01	40	草本层	山矾	0.12	—	3
2017	TTFFZ01	40	草本层	暗色菝葜	0.05	—	2
2017	TTFFZ01	40	草本层	淡竹叶	0.03	—	2
2017	TTFFZ01	40	草本层	红凉伞	0.02	—	2
2017	TTFFZ01	40	草本层	红楠	0.00	—	2
2017	TTFFZ01	40	草本层	栲	0.07	—	2
2017	TTFFZ01	40	草本层	小果山龙眼	0.08	—	2
2017	TTFFZ01	40	草本层	羊角藤	0.01	—	2
2017	TTFFZ01	40	草本层	窄基红褐柃	0.02	—	2
2017	TTFFZ01	40	草本层	赤楠	0.00	—	1
2017	TTFFZ01	40	草本层	黑足鳞毛蕨	0.00	—	1
2017	TTFFZ01	40	草本层	老鼠矢	0.09	—	1
2017	TTFFZ01	40	草本层	鳞毛蕨	0.00	—	1
2017	TTFFZ01	40	草本层	毛花连蕊茶	0.02	—	1
2017	TTFFZ01	40	草本层	米槠	0.02	—	1

（续）

年份	样地代码	样地面积/m^2	群落层次	植物种名	地上总干重/kg	地下总干重/kg	株数/株
2017	TTFFZ01	40	草本层	木荷	0.01	—	1
2017	TTFFZ03	2 500	乔木层	木荷	18 533.50	4 054.17	187
2017	TTFFZ03	2 500	乔木层	柯	1 066.41	279.29	20
2017	TTFFZ03	2 500	乔木层	栲	1 559.66	413.91	16
2017	TTFFZ03	2 500	乔木层	檫木	972.79	208.75	9
2017	TTFFZ03	2 500	乔木层	苦槠	223.57	59.56	3
2017	TTFFZ03	2 500	乔木层	杉木	538.81	107.40	3
2017	TTFFZ03	2 500	乔木层	杨梅	67.39	11.72	2
2017	TTFFZ03	2 500	乔木层	白栎	33.70	5.85	1
2017	TTFFZ03	2 500	乔木层	虎皮楠	51.35	9.87	1
2017	TTFFZ03	2 500	乔木层	马尾松	253.87	40.02	1
2017	TTFFZ03	2 500	乔木层	樟	46.61	8.75	1
2017	TTFFZ03	2 500	亚乔木层	柯	3 736.94	981.67	242
2017	TTFFZ03	2 500	亚乔木层	木荷	2 116.34	346.55	129
2017	TTFFZ03	2 500	亚乔木层	杨梅	422.13	66.77	38
2017	TTFFZ03	2 500	亚乔木层	杉木	229.72	72.01	19
2017	TTFFZ03	2 500	亚乔木层	山鸡椒	181.57	29.07	15
2017	TTFFZ03	2 500	亚乔木层	苦槠	113.26	30.54	13
2017	TTFFZ03	2 500	亚乔木层	栲	48.73	13.14	5
2017	TTFFZ03	2 500	亚乔木层	白栎	76.97	12.69	4
2017	TTFFZ03	2 500	亚乔木层	檫木	54.24	8.73	4
2017	TTFFZ03	2 500	亚乔木层	檵木	21.47	3.37	2
2017	TTFFZ03	2 500	亚乔木层	罗浮柿	15.81	2.40	2
2017	TTFFZ03	2 500	亚乔木层	马尾松	48.92	7.93	2
2017	TTFFZ03	2 500	亚乔木层	山合欢	12.34	1.83	2
2017	TTFFZ03	2 500	亚乔木层	浙江新木姜子	13.21	1.97	2
2017	TTFFZ03	2 500	亚乔木层	赤楠	8.93	1.37	1
2017	TTFFZ03	2 500	亚乔木层	海桐山矾	12.30	1.94	1
2017	TTFFZ03	2 500	亚乔木层	老鼠矢	6.19	0.91	1
2017	TTFFZ03	2 500	亚乔木层	南酸枣	15.22	2.45	1
2017	TTFFZ03	2 500	亚乔木层	山矾	6.94	1.04	1
2017	TTFFZ03	2 500	亚乔木层	石楠	9.74	1.51	1
2017	TTFFZ03	2 500	亚乔木层	未知种	15.70	2.54	1
2017	TTFFZ03	2 500	亚乔木层	乌饭	8.59	1.31	1
2017	TTFFZ03	2 500	亚乔木层	细叶青冈	21.83	5.79	1
2017	TTFFZ03	2 500	亚乔木层	小叶青冈	29.77	7.88	1
2017	TTFFZ03	500	灌木层	山矾	55.11	13.64	73
2017	TTFFZ03	500	灌木层	赤楠	30.57	7.95	56

（续）

年份	样地代码	样地面积/m²	群落层次	植物种名	地上总干重/kg	地下总干重/kg	株数/株
2017	TTFFZ03	500	灌木层	柯	93.27	17.21	55
2017	TTFFZ03	500	灌木层	檵木	41.02	9.91	53
2017	TTFFZ03	500	灌木层	窄基红褐柃	12.99	3.61	28
2017	TTFFZ03	500	灌木层	毛花连蕊茶	13.17	3.48	23
2017	TTFFZ03	500	灌木层	赛山梅	14.66	3.01	11
2017	TTFFZ03	500	灌木层	马银花	9.88	2.11	8
2017	TTFFZ03	500	灌木层	杉木	16.79	3.06	8
2017	TTFFZ03	500	灌木层	苦槠	17.20	2.62	5
2017	TTFFZ03	500	灌木层	江南越橘	7.71	1.40	4
2017	TTFFZ03	500	灌木层	木荷	9.62	1.69	4
2017	TTFFZ03	500	灌木层	山鸡椒	4.70	0.90	3
2017	TTFFZ03	500	灌木层	杨梅	7.53	1.20	3
2017	TTFFZ03	500	灌木层	米槠	3.84	0.69	2
2017	TTFFZ03	500	灌木层	青冈	0.43	0.17	2
2017	TTFFZ03	500	灌木层	浙江新木姜子	1.06	0.30	2
2017	TTFFZ03	500	灌木层	白檀	0.29	0.10	1
2017	TTFFZ03	500	灌木层	光叶石楠	0.96	0.23	1
2017	TTFFZ03	500	灌木层	老鼠矢	1.82	0.36	1
2017	TTFFZ03	500	灌木层	乌饭	0.96	0.23	1
2017	TTFFZ03	500	灌木层	宜昌荚蒾	0.37	0.12	1
2017	TTFFZ03	40	草本层	柯	0.03	—	6
2017	TTFFZ03	40	草本层	里白	0.50	—	4
2017	TTFFZ03	40	草本层	芒萁	0.15	—	4
2017	TTFFZ03	40	草本层	菝葜	0.00	—	2
2017	TTFFZ03	40	草本层	苦槠	0.02	—	2
2017	TTFFZ03	40	草本层	山矾	0.01	—	2
2017	TTFFZ03	40	草本层	赤楠	0.00	—	1
2017	TTFFZ03	40	草本层	狗脊	0.02	—	1
2017	TTFFZ03	40	草本层	虎皮楠	0.00	—	1
2017	TTFFZ03	40	草本层	青冈	0.01	—	1
2017	TTFFZ03	40	草本层	赛山梅	0.01	—	1
2017	TTFFZ03	40	草本层	山鸡椒	0.00	—	1
2017	TTFFZ03	40	草本层	杉木	0.00	—	1
2017	TTFFZ03	40	草本层	石斑木	0.00	—	1
2017	TTFFZ03	40	草本层	五节芒	0.00	—	1
2017	TTFFZ03	40	草本层	香港黄檀	0.00	—	1
2017	TTFFZ03	40	草本层	羊角藤	0.00	—	1
2017	TTFFZ03	40	草本层	窄基红褐柃	0.02	—	1

（续）

年份	样地代码	样地面积/m²	群落层次	植物种名	地上总干重/kg	地下总干重/kg	株数/株
2012	TTFZH01	2 500	乔木层	栲	20 492.17	5 364.00	74
2012	TTFZH01	2 500	乔木层	木荷	6 093.27	1 462.40	19
2012	TTFZH01	2 500	乔木层	柯	390.63	102.22	5
2012	TTFZH01	2 500	乔木层	虎皮楠	164.51	30.34	4
2012	TTFZH01	2 500	乔木层	檫木	1 410.59	341.73	3
2012	TTFZH01	2 500	乔木层	枫香	858.61	177.78	2
2012	TTFZH01	2 500	乔木层	港柯	255.70	66.82	2
2012	TTFZH01	2 500	乔木层	未知种	204.39	45.78	1
2012	TTFZH01	2 500	乔木层	细叶青冈	49.62	13.06	1
2012	TTFZH01	2 500	乔木层	杨梅	55.73	10.92	1
2012	TTFZH01	2 500	亚乔木层	浙江新木姜子	124.17	19.27	14
2012	TTFZH01	2 500	亚乔木层	虎皮楠	45.21	6.99	5
2012	TTFZH01	2 500	亚乔木层	薯豆	53.00	8.31	5
2012	TTFZH01	2 500	亚乔木层	披针叶山矾	41.50	6.48	4
2012	TTFZH01	2 500	亚乔木层	细枝柃	32.13	4.90	4
2012	TTFZH01	2 500	亚乔木层	薄叶山矾	16.41	2.40	3
2012	TTFZH01	2 500	亚乔木层	栓叶安息香	40.31	6.47	3
2012	TTFZH01	2 500	亚乔木层	杨梅	38.03	6.14	3
2012	TTFZH01	2 500	亚乔木层	短梗冬青	16.15	2.46	2
2012	TTFZH01	2 500	亚乔木层	老鼠矢	12.09	1.78	2
2012	TTFZH01	2 500	亚乔木层	马银花	15.97	2.43	2
2012	TTFZH01	2 500	亚乔木层	毛花连蕊茶	13.09	1.95	2
2012	TTFZH01	2 500	亚乔木层	细齿叶柃	13.61	2.03	2
2012	TTFZH01	2 500	亚乔木层	香桂	25.64	4.11	2
2012	TTFZH01	2 500	亚乔木层	光亮山矾	5.25	0.76	1
2012	TTFZH01	2 500	亚乔木层	光叶石楠	6.63	0.99	1
2012	TTFZH01	2 500	亚乔木层	栲	6.74	1.82	1
2012	TTFZH01	2 500	亚乔木层	木荷	28.40	4.84	1
2012	TTFZH01	2 500	亚乔木层	未知种	24.90	4.19	1
2012	TTFZH01	2 500	亚乔木层	樟	7.63	1.15	1
2012	TTFZH01	2 500	亚乔木层	小果山龙眼	5.25	0.76	1
2012	TTFZH01	500	灌木层	毛花连蕊茶	62.84	11.32	30
2012	TTFZH01	500	灌木层	浙江新木姜子	46.02	7.48	16
2012	TTFZH01	500	灌木层	山矾	14.96	2.68	7
2012	TTFZH01	500	灌木层	窄基红褐柃	7.31	1.71	7
2012	TTFZH01	500	灌木层	虎皮楠	19.63	2.93	5
2012	TTFZH01	500	灌木层	细枝柃	18.73	2.85	5
2012	TTFZH01	500	灌木层	细齿叶柃	10.53	1.80	4

（续）

年份	样地代码	样地面积/m²	群落层次	植物种名	地上总干重/kg	地下总干重/kg	株数/株
2012	TTFZH01	500	灌木层	短梗冬青	7.82	1.34	3
2012	TTFZH01	500	灌木层	薯豆	8.85	1.40	3
2012	TTFZH01	500	灌木层	薄叶山矾	10.75	1.46	2
2012	TTFZH01	500	灌木层	格药柃	5.41	0.89	2
2012	TTFZH01	500	灌木层	狗骨柴	1.22	0.34	2
2012	TTFZH01	500	灌木层	光亮山矾	6.47	0.96	2
2012	TTFZH01	500	灌木层	红楠	6.26	0.92	2
2012	TTFZH01	500	灌木层	栲	4.11	0.77	2
2012	TTFZH01	500	灌木层	老鼠矢	2.24	0.51	2
2012	TTFZH01	500	灌木层	披针叶山矾	6.93	1.08	2
2012	TTFZH01	500	灌木层	香桂	8.65	1.27	2
2012	TTFZH01	500	灌木层	赤楠	4.98	0.70	1
2012	TTFZH01	500	灌木层	罗浮柿	1.90	0.37	1
2012	TTFZH01	500	灌木层	木荷	4.75	0.68	1
2012	TTFZH01	500	灌木层	赛山梅	0.83	0.21	1
2012	TTFZH01	500	灌木层	未知种	3.89	0.59	1
2012	TTFZH01	500	灌木层	野茉莉	4.98	0.70	1
2012	TTFFZ01	2 500	乔木层	木荷	43 691.50	9 934.08	267
2012	TTFFZ01	2 500	乔木层	柯	2 213.78	579.46	27
2012	TTFFZ01	2 500	乔木层	未知种	1 405.42	331.72	7
2012	TTFFZ01	2 500	乔木层	细叶青冈	530.41	137.08	4
2012	TTFFZ01	2 500	乔木层	杨梅	274.13	59.14	4
2012	TTFFZ01	2 500	乔木层	苦槠	299.62	79.66	3
2012	TTFFZ01	2 500	乔木层	海桐山矾	192.82	43.07	2
2012	TTFFZ01	2 500	乔木层	虎皮楠	113.19	26.26	1
2012	TTFFZ01	2 500	亚乔木层	木荷	266.01	44.45	12
2012	TTFFZ01	2 500	亚乔木层	小果山龙眼	32.37	5.09	3
2012	TTFFZ01	2 500	亚乔木层	未知种	37.85	6.26	2
2012	TTFFZ01	2 500	亚乔木层	细齿叶柃	15.09	2.28	2
2012	TTFFZ01	2 500	亚乔木层	柯	15.20	3.99	1
2012	TTFFZ01	2 500	亚乔木层	老鼠矢	5.51	0.80	1
2012	TTFFZ01	2 500	亚乔木层	米槠	5.34	1.44	1
2012	TTFFZ01	2 500	亚乔木层	披针叶山矾	6.28	0.93	1
2012	TTFFZ01	2 500	亚乔木层	杨梅	27.27	4.63	1
2012	TTFFZ01	2 500	亚乔木层	窄基红褐柃	7.24	1.09	1
2012	TTFFZ01	500	灌木层	马银花	94.57	19.20	65
2012	TTFFZ01	500	灌木层	毛花连蕊茶	18.46	4.15	17
2012	TTFFZ01	500	灌木层	山矾	13.98	3.36	15

（续）

年份	样地代码	样地面积/m²	群落层次	植物种名	地上总干重/kg	地下总干重/kg	株数/株
2012	TTFFZ01	500	灌木层	窄基红褐柃	15.90	3.44	14
2012	TTFFZ01	500	灌木层	米槠	14.21	3.02	11
2012	TTFFZ01	500	灌木层	赤楠	15.39	3.07	10
2012	TTFFZ01	500	灌木层	格药柃	14.99	3.10	10
2012	TTFFZ01	500	灌木层	杨梅	21.20	3.87	10
2012	TTFFZ01	500	灌木层	海桐山矾	8.56	1.79	6
2012	TTFFZ01	500	灌木层	柯	3.29	0.83	4
2012	TTFFZ01	500	灌木层	细叶青冈	7.77	1.45	4
2012	TTFFZ01	500	灌木层	小果山龙眼	3.18	0.82	4
2012	TTFFZ01	500	灌木层	栲	2.67	0.66	3
2012	TTFFZ01	500	灌木层	薄叶山矾	2.31	0.53	2
2012	TTFFZ01	500	灌木层	褐叶青冈	2.53	0.56	2
2012	TTFFZ01	500	灌木层	红楠	3.47	0.66	2
2012	TTFFZ01	500	灌木层	黄牛奶树	3.92	0.70	2
2012	TTFFZ01	500	灌木层	檵木	1.78	0.43	2
2012	TTFFZ01	500	灌木层	江南越橘	1.84	0.44	2
2012	TTFFZ01	500	灌木层	薯豆	6.68	1.07	2
2012	TTFFZ01	500	灌木层	小叶青冈	4.54	0.81	2
2012	TTFFZ01	500	灌木层	杨桐	5.45	0.88	2
2012	TTFFZ01	500	灌木层	赤皮青冈	1.10	0.25	1
2012	TTFFZ01	500	灌木层	短梗冬青	2.47	0.44	1
2012	TTFFZ01	500	灌木层	黄丹木姜子	1.01	0.24	1
2012	TTFFZ01	500	灌木层	榄绿粗叶木	1.41	0.30	1
2012	TTFFZ01	500	灌木层	老鼠矢	0.42	0.13	1
2012	TTFFZ01	500	灌木层	雷公鹅耳枥	2.03	0.38	1
2012	TTFFZ01	500	灌木层	未知种	0.48	0.15	1
2012	TTFFZ01	500	灌木层	细枝柃	0.92	0.23	1
2012	TTFFZ03	2 500	乔木层	木荷	10 816.06	2 360.92	107
2012	TTFFZ03	2 500	乔木层	栲	1 045.27	278.33	15
2012	TTFFZ03	2 500	乔木层	柯	427.90	112.20	11
2012	TTFFZ03	2 500	乔木层	檫木	395.04	85.02	5
2012	TTFFZ03	2 500	乔木层	杨梅	529.75	119.60	4
2012	TTFFZ03	2 500	乔木层	苦槠	88.87	23.80	2
2012	TTFFZ03	2 500	乔木层	杉木	99.66	25.94	2
2012	TTFFZ03	2 500	乔木层	虎皮楠	35.15	6.16	1
2012	TTFFZ03	2 500	乔木层	马尾松	253.29	39.93	1
2012	TTFFZ03	2 500	亚乔木层	柯	3 000.28	788.36	218
2012	TTFFZ03	2 500	亚乔木层	木荷	3 024.88	493.90	189

（续）

年份	样地代码	样地面积/m^2	群落层次	植物种名	地上总干重/kg	地下总干重/kg	株数/株
2012	TTFFZ03	2 500	亚乔木层	杨梅	235.40	36.69	24
2012	TTFFZ03	2 500	亚乔木层	杉木	203.83	63.99	17
2012	TTFFZ03	2 500	亚乔木层	山鸡椒	84.66	12.70	12
2012	TTFFZ03	2 500	亚乔木层	苦槠	75.96	20.49	11
2012	TTFFZ03	2 500	亚乔木层	栲	80.50	21.69	7
2012	TTFFZ03	2 500	亚乔木层	檫木	75.21	11.97	6
2012	TTFFZ03	2 500	亚乔木层	白栎	90.62	14.91	5
2012	TTFFZ03	2 500	亚乔木层	檵木	32.31	5.33	2
2012	TTFFZ03	2 500	亚乔木层	马尾松	34.35	5.56	2
2012	TTFFZ03	2 500	亚乔木层	浙江新木姜子	27.06	4.39	2
2012	TTFFZ03	2 500	亚乔木层	赤楠	6.35	0.94	1
2012	TTFFZ03	2 500	亚乔木层	海桐山矾	12.40	1.96	1
2012	TTFFZ03	2 500	亚乔木层	老鼠矢	10.97	1.72	1
2012	TTFFZ03	2 500	亚乔木层	毛花连蕊茶	12.44	1.97	1
2012	TTFFZ03	2 500	亚乔木层	南酸枣	5.57	0.81	1
2012	TTFFZ03	2 500	亚乔木层	山合欢	7.23	1.09	1
2012	TTFFZ03	2 500	亚乔木层	石楠	8.59	1.31	1
2012	TTFFZ03	2 500	亚乔木层	未知种	5.72	0.84	1
2012	TTFFZ03	2 500	亚乔木层	乌饭	5.68	0.83	1
2012	TTFFZ03	2 500	亚乔木层	细叶青冈	13.95	3.71	1
2012	TTFFZ03	2 500	亚乔木层	樟	22.85	3.82	1
2012	TTFFZ03	2 500	亚乔木层	小叶青冈	18.38	4.88	1
2012	TTFFZ03	500	灌木层	柯	329.09	55.89	135
2012	TTFFZ03	500	灌木层	檵木	64.22	14.26	57
2012	TTFFZ03	500	灌木层	山矾	72.78	15.20	56
2012	TTFFZ03	500	灌木层	木荷	71.43	12.11	28
2012	TTFFZ03	500	灌木层	杉木	47.71	8.61	23
2012	TTFFZ03	500	灌木层	赤楠	16.78	4.07	20
2012	TTFFZ03	500	灌木层	苦槠	44.49	7.50	17
2012	TTFFZ03	500	灌木层	毛花连蕊茶	19.15	3.79	13
2012	TTFFZ03	500	灌木层	赛山梅	11.57	2.49	9
2012	TTFFZ03	500	灌木层	窄基红褐柃	8.50	1.92	8
2012	TTFFZ03	500	灌木层	山鸡椒	12.25	2.20	6
2012	TTFFZ03	500	灌木层	乌饭	5.81	1.38	6
2012	TTFFZ03	500	灌木层	杨梅	6.11	1.24	4
2012	TTFFZ03	500	灌木层	马银花	4.46	0.90	3
2012	TTFFZ03	500	灌木层	江南越橘	7.41	1.29	3
2012	TTFFZ03	500	灌木层	短梗冬青	1.38	0.37	2

（续）

年份	样地代码	样地面积/m²	群落层次	植物种名	地上总干重/kg	地下总干重/kg	株数/株
2012	TTFFZ03	500	灌木层	格药柃	1.65	0.42	2
2012	TTFFZ03	500	灌木层	青冈	5.73	0.96	2
2012	TTFFZ03	500	灌木层	未知种	2.49	0.55	2
2012	TTFFZ03	500	灌木层	浙江新木姜子	6.23	0.96	2
2012	TTFFZ03	500	灌木层	光叶石楠	1.10	0.25	1
2012	TTFFZ03	500	灌木层	海桐山矾	4.55	0.66	1
2012	TTFFZ03	500	灌木层	虎皮楠	3.24	0.52	1
2012	TTFFZ03	500	灌木层	栲	6.16	0.80	1
2012	TTFFZ03	500	灌木层	老鼠矢	1.34	0.29	1
2012	TTFFZ03	500	灌木层	米槠	1.18	0.27	1
2012	TTFFZ03	500	灌木层	拟赤杨	1.95	0.37	1
2012	TTFFZ03	500	灌木层	宜昌荚蒾	0.54	0.16	1
2008	TTFZH01	2 500	乔木层	栲	20 440.26	5 363.01	84
2008	TTFZH01	2 500	乔木层	木荷	5 688.77	1 359.31	19
2008	TTFZH01	2 500	乔木层	柯	379.60	99.35	5
2008	TTFZH01	2 500	乔木层	檫木	1 125.62	267.50	3
2008	TTFZH01	2 500	乔木层	枫香树	925.98	190.98	2
2008	TTFZH01	2 500	乔木层	杨梅	132.97	27.84	2
2008	TTFZH01	2 500	乔木层	港柯	30.58	8.02	1
2008	TTFZH01	2 500	乔木层	虎皮楠	42.18	7.73	1
2008	TTFZH01	2 500	乔木层	细叶青冈	120.86	31.34	1
2008	TTFZH01	2 500	乔木层	樟	39.77	7.19	1
2008	TTFZH01	2 500	亚乔木层	虎皮楠	27.04	4.16	3
2008	TTFZH01	2 500	亚乔木层	浙江新木姜子	19.61	2.92	3
2008	TTFZH01	2 500	亚乔木层	栲	5.99	1.62	1
2008	TTFZH01	2 500	亚乔木层	马银花	6.63	0.99	1
2008	TTFZH01	2 500	亚乔木层	毛花连蕊茶	5.25	0.76	1
2008	TTFZH01	2 500	亚乔木层	披针叶山矾	6.93	1.04	1
2008	TTFZH01	2 500	亚乔木层	栓叶安息香	9.26	1.42	1
2008	TTFZH01	500	灌木层	毛花连蕊茶	44.39	9.09	38
2008	TTFZH01	500	灌木层	短梗冬青	9.82	1.91	11
2008	TTFZH01	500	灌木层	窄基红褐柃	7.92	1.74	8
2008	TTFZH01	500	灌木层	浙江新木姜子	18.38	3.14	8
2008	TTFZH01	500	灌木层	细枝柃	22.06	3.21	7
2008	TTFZH01	500	灌木层	山矾	7.18	1.55	6
2008	TTFZH01	500	灌木层	薯豆	9.25	1.69	6
2008	TTFZH01	500	灌木层	虎皮楠	9.92	1.82	5
2008	TTFZH01	500	灌木层	老鼠矢	9.60	1.60	5

（续）

年份	样地代码	样地面积/m²	群落层次	植物种名	地上总干重/kg	地下总干重/kg	株数/株
2008	TTFZH01	500	灌木层	野茉莉	2.43	0.60	5
2008	TTFZH01	500	灌木层	格药柃	4.33	0.91	4
2008	TTFZH01	500	灌木层	薄叶山矾	13.63	1.82	3
2008	TTFZH01	500	灌木层	杨梅	1.02	0.31	3
2008	TTFZH01	500	灌木层	红楠	3.07	0.57	2
2008	TTFZH01	500	灌木层	披针叶山矾	5.54	0.92	2
2008	TTFZH01	500	灌木层	细齿叶柃	5.75	0.97	2
2008	TTFZH01	500	灌木层	香桂	6.90	0.91	2
2008	TTFZH01	500	灌木层	小果山龙眼	2.89	0.57	2
2008	TTFZH01	500	灌木层	笔罗子	0.48	0.15	1
2008	TTFZH01	500	灌木层	赤楠	4.75	0.68	1
2008	TTFZH01	500	灌木层	狗骨柴	0.54	0.16	1
2008	TTFZH01	500	灌木层	褐叶青冈	0.09	0.04	1
2008	TTFZH01	500	灌木层	海桐山矾	7.36	0.90	1
2008	TTFZH01	500	灌木层	雷公鹅耳枥	0.24	0.09	1
2008	TTFZH01	500	灌木层	柃木	0.68	0.18	1
2008	TTFZH01	500	灌木层	野漆树	0.05	0.03	1
2008	TTFZH01	500	灌木层	皱柄冬青	1.64	0.33	1
2008	TTFFZ01	2 500	乔木层	木荷	35 510.74	7 994.71	259
2008	TTFFZ01	2 500	乔木层	柯	2 819.13	737.97	36
2008	TTFFZ01	2 500	乔木层	苦槠	257.35	68.66	4
2008	TTFFZ01	2 500	乔木层	细叶青冈	318.90	83.32	4
2008	TTFFZ01	2 500	乔木层	杨梅	305.79	66.13	4
2008	TTFFZ01	2 500	乔木层	海桐山矾	84.87	18.39	1
2008	TTFFZ01	2 500	乔木层	虎皮楠	38.98	7.01	1
2008	TTFFZ01	2 500	乔木层	马尾松	92.04	14.81	1
2008	TTFFZ01	2 500	乔木层	米槠	154.45	40.90	1
2008	TTFFZ01	2 500	亚乔木层	木荷	416.12	69.41	19
2008	TTFFZ01	2 500	亚乔木层	杨梅	39.51	6.54	2
2008	TTFFZ01	2 500	亚乔木层	苦槠	21.25	5.72	1
2008	TTFFZ01	2 500	亚乔木层	罗浮柿	10.00	1.55	1
2008	TTFFZ01	2 500	亚乔木层	细叶青冈	16.27	4.32	1
2008	TTFFZ01	2 500	亚乔木层	小果山龙眼	10.78	1.68	1
2008	TTFFZ01	500	灌木层	马银花	81.94	17.70	76
2008	TTFFZ01	500	灌木层	山矾	21.75	6.43	53
2008	TTFFZ01	500	灌木层	窄基红褐柃	21.05	5.66	43
2008	TTFFZ01	500	灌木层	毛花连蕊茶	12.30	3.57	28
2008	TTFFZ01	500	灌木层	栲	14.72	3.64	24

（续）

年份	样地代码	样地面积/m²	群落层次	植物种名	地上总干重/kg	地下总干重/kg	株数/株
2008	TTFFZ01	500	灌木层	海桐山矾	12.33	3.21	23
2008	TTFFZ01	500	灌木层	米槠	11.95	3.12	20
2008	TTFFZ01	500	灌木层	杨梅	13.11	2.85	14
2008	TTFFZ01	500	灌木层	老鼠矢	8.24	1.79	9
2008	TTFFZ01	500	灌木层	小果山龙眼	8.65	1.66	9
2008	TTFFZ01	500	灌木层	檵木	3.98	1.06	8
2008	TTFFZ01	500	灌木层	红楠	2.75	0.73	7
2008	TTFFZ01	500	灌木层	柯	1.47	0.53	6
2008	TTFFZ01	500	灌木层	细叶青冈	7.34	1.39	6
2008	TTFFZ01	500	灌木层	赤楠	6.23	1.21	5
2008	TTFFZ01	500	灌木层	格药柃	3.47	0.91	5
2008	TTFFZ01	500	灌木层	薯豆	3.80	0.86	5
2008	TTFFZ01	500	灌木层	江南越橘	2.06	0.57	4
2008	TTFFZ01	500	灌木层	大叶冬青	0.15	0.09	3
2008	TTFFZ01	500	灌木层	褐叶青冈	2.26	0.59	3
2008	TTFFZ01	500	灌木层	木荷	0.74	0.27	3
2008	TTFFZ01	500	灌木层	乌饭	1.04	0.34	3
2008	TTFFZ01	500	灌木层	杨桐	6.38	1.11	3
2008	TTFFZ01	500	灌木层	黄牛奶树	2.13	0.46	2
2008	TTFFZ01	500	灌木层	苦槠	0.37	0.15	2
2008	TTFFZ01	500	灌木层	薄叶山矾	1.20	0.27	1
2008	TTFFZ01	500	灌木层	笔罗子	0.05	0.03	1
2008	TTFFZ01	500	灌木层	赤皮青冈	0.75	0.20	1
2008	TTFFZ01	500	灌木层	短梗冬青	2.47	0.44	1
2008	TTFFZ01	500	灌木层	黄丹木姜子	0.37	0.12	1
2008	TTFFZ01	500	灌木层	披针叶山矾	0.09	0.04	1
2008	TTFFZ01	500	灌木层	栀子	1.20	0.27	1
2008	TTFFZ03	2 500	乔木层	木荷	5 939.83	1 323.49	42
2008	TTFFZ03	2 500	乔木层	柯	411.75	107.85	7
2008	TTFFZ03	2 500	乔木层	马尾松	680.72	109.06	6
2008	TTFFZ03	2 500	乔木层	檫木	267.59	56.42	4
2008	TTFFZ03	2 500	乔木层	栲	52.62	14.14	2
2008	TTFFZ03	2 500	乔木层	苦槠	123.23	32.92	2
2008	TTFFZ03	2 500	亚乔木层	柯	1 684.43	442.70	136
2008	TTFFZ03	2 500	亚乔木层	木荷	1 463.51	235.69	106
2008	TTFFZ03	2 500	亚乔木层	杉木	218.68	67.41	16
2008	TTFFZ03	2 500	亚乔木层	杨梅	144.55	22.79	13
2008	TTFFZ03	2 500	亚乔木层	檫木	100.14	16.67	5

（续）

年份	样地代码	样地面积/m²	群落层次	植物种名	地上总干重/kg	地下总干重/kg	株数/株
2008	TTFFZ03	2 500	亚乔木层	马尾松	61.43	9.95	3
2008	TTFFZ03	2 500	亚乔木层	山鸡椒	24.71	3.77	3
2008	TTFFZ03	2 500	亚乔木层	苦槠	12.92	3.49	2
2008	TTFFZ03	2 500	亚乔木层	老鼠矢	21.87	3.44	2
2008	TTFFZ03	2 500	亚乔木层	海桐山矾	5.25	0.76	1
2008	TTFFZ03	2 500	亚乔木层	栲	17.38	4.68	1
2008	TTFFZ03	2 500	亚乔木层	罗浮柿	6.38	0.95	1
2008	TTFFZ03	2 500	亚乔木层	山合欢	6.19	0.92	1
2008	TTFFZ03	2 500	亚乔木层	樟	8.17	1.24	1
2008	TTFFZ03	2 500	亚乔木层	浙江新木姜子	9.17	1.41	1
2008	TTFFZ03	500	灌木层	柯	171.10	29.93	86
2008	TTFFZ03	500	灌木层	檵木	32.21	9.09	65
2008	TTFFZ03	500	灌木层	山矾	32.02	7.95	42
2008	TTFFZ03	500	灌木层	赤楠	7.54	2.27	22
2008	TTFFZ03	500	灌木层	窄基红褐柃	5.56	1.72	16
2008	TTFFZ03	500	灌木层	苦槠	32.10	5.28	15
2008	TTFFZ03	500	灌木层	乌饭	5.76	1.76	15
2008	TTFFZ03	500	灌木层	杉木	26.21	4.76	14
2008	TTFFZ03	500	灌木层	毛花连蕊茶	10.09	2.16	12
2008	TTFFZ03	500	灌木层	野茉莉	7.91	2.01	11
2008	TTFFZ03	500	灌木层	木荷	17.88	3.33	10
2008	TTFFZ03	500	灌木层	山鸡椒	12.63	2.36	10
2008	TTFFZ03	500	灌木层	檫木	8.41	1.49	5
2008	TTFFZ03	500	灌木层	马银花	4.35	0.82	4
2008	TTFFZ03	500	灌木层	海桐山矾	0.56	0.20	2
2008	TTFFZ03	500	灌木层	老鼠矢	3.29	0.67	2
2008	TTFFZ03	500	灌木层	柃木	0.65	0.22	2
2008	TTFFZ03	500	灌木层	麻栎	1.10	0.32	2
2008	TTFFZ03	500	灌木层	江南越橘	2.31	0.48	2
2008	TTFFZ03	500	灌木层	杨梅	4.17	0.70	2
2008	TTFFZ03	500	灌木层	白蜡树	0.11	0.05	1
2008	TTFFZ03	500	灌木层	格药柃	0.24	0.09	1
2008	TTFFZ03	500	灌木层	光叶石楠	0.54	0.16	1
2008	TTFFZ03	500	灌木层	褐叶青冈	4.31	0.63	1
2008	TTFFZ03	500	灌木层	栲	0.05	0.03	1
2008	TTFFZ03	500	灌木层	米槠	0.24	0.09	1
2008	TTFFZ03	500	灌木层	南酸枣	0.07	0.04	1
2008	TTFFZ03	500	灌木层	山合欢	0.83	0.21	1

（续）

年份	样地代码	样地面积/m²	群落层次	植物种名	地上总干重/kg	地下总干重/kg	株数/株
2008	TTFFZ03	500	灌木层	宜昌荚蒾	0.28	0.10	1
2008	TTFFZ03	500	灌木层	浙江大青	1.01	0.24	1

3.1.3　乔木层胸径数据集

3.1.3.1　概述

本数据集包括天童站 2008—2017 年常绿阔叶林次生演替系列样地［栲树林综合观测场（TTFZH01）、木荷林辅助观测场（TTFFZ01），檵木-石栎次生常绿灌丛辅助观测场（TTFFZ03）］植物群落分种生物量数据，包括调查年份、样地代码、样地面积、群落层次、植物种名、平均胸径、标准差和株数。调查间隔为 5 年。样地的基本信息见 2.2.1。

3.1.3.2　数据采集和处理方法

采用人工测量的方式进行数据采集，采集对象为乔木层，测量工具为胸径尺，小数点后保留 1 位有效数字。在质控数据的基础上，以年和物种为基础单元，统计物种水平上的结果，并注明重复数和标准差。

3.1.3.3　数据质量控制和评估

（1）对数据获取流程进行质量控制。用塑料绳将样地划分为 5 m×5 m 的小样格，逐格调查，避免遗漏。

（2）通过辅助标识进行质量控制。悬挂标牌，并记录所有个体的空间坐标，通过标牌编号进行不同调查年际的匹配，标牌脱落的，通过坐标确定并重新挂牌。

（3）重复调查时进行质量控制。复查时携带前一次的调查数据，避免调查缺失，同时用前一次数据做参照，降低新调查数据错误率，同时也修正前一次的数据。

（4）数据质量评估。采用双输入法和程序检查方法，对输入的数据进行校对。

3.1.3.4　数据价值

胸径是衡量木本植物个体大小的基本指标。通过平均胸径和株数可以判断一个物种在群落中的优势程度。不同年份物种个体数量和平均胸径的变化可以反映该物种种群的动态变化趋势。

3.1.3.5　数据

常绿阔叶林次生演替系列样地植物群落分种胸径见表 3-3。

表 3-3　常绿阔叶林次生演替系列样地植物群落分种胸径

年份	样地代码	样地面积/m²	群落层次	植物种名	平均胸径/cm	标准差/cm	株数/株
2017	TTFZH01	2 500	乔木层	栲	31.9	10.1	57
2017	TTFZH01	2 500	乔木层	木荷	28.6	10.8	18
2017	TTFZH01	2 500	乔木层	虎皮楠	13.2	1.7	5
2017	TTFZH01	2 500	乔木层	柯	16.2	6.7	5
2017	TTFZH01	2 500	乔木层	檫木	36.0	2.3	3
2017	TTFZH01	2 500	乔木层	枫香树	29.2	24.1	2
2017	TTFZH01	2 500	乔木层	杨梅	12.7	1.2	2
2017	TTFZH01	2 500	乔木层	港柯	30.1	—	1

（续）

年份	样地代码	样地面积/m^2	群落层次	植物种名	平均胸径/cm	标准差/cm	株数/株
2017	TTFZH01	2 500	乔木层	细叶青冈	12.0	—	1
2017	TTFZH01	2 500	乔木层	香桂	10.2	—	1
2017	TTFZH01	2 500	亚乔木层	浙江新木姜子	6.5	0.9	27
2017	TTFZH01	2 500	亚乔木层	虎皮楠	7.0	1.1	14
2017	TTFZH01	2 500	亚乔木层	薯豆	7.3	1.6	8
2017	TTFZH01	2 500	亚乔木层	细枝柃	5.8	0.4	8
2017	TTFZH01	2 500	亚乔木层	薄叶山矾	5.9	0.9	6
2017	TTFZH01	2 500	亚乔木层	披针叶山矾	7.4	1.4	6
2017	TTFZH01	2 500	亚乔木层	短梗冬青	7.2	1.9	4
2017	TTFZH01	2 500	亚乔木层	红楠	5.9	0.4	3
2017	TTFZH01	2 500	亚乔木层	毛花连蕊茶	5.7	1.0	3
2017	TTFZH01	2 500	亚乔木层	栓叶安息香	7.9	2.6	3
2017	TTFZH01	2 500	亚乔木层	细齿叶柃	6.6	1.3	3
2017	TTFZH01	2 500	亚乔木层	香桂	5.8	0.4	3
2017	TTFZH01	2 500	亚乔木层	杨梅	7.0	1.9	3
2017	TTFZH01	2 500	亚乔木层	老鼠矢	5.9	0.0	2
2017	TTFZH01	2 500	亚乔木层	小果山龙眼	5.5	0.2	2
2017	TTFZH01	2 500	亚乔木层	杨桐	5.2	0.0	2
2017	TTFZH01	2 500	亚乔木层	窄基红褐柃	5.4	0.3	2
2017	TTFZH01	2 500	亚乔木层	格药柃	5.1	—	1
2017	TTFZH01	2 500	亚乔木层	光亮山矾	5.9	—	1
2017	TTFZH01	2 500	亚乔木层	光叶石楠	7.1	—	1
2017	TTFZH01	2 500	亚乔木层	栲	6.4	—	1
2017	TTFZH01	2 500	亚乔木层	榄绿粗叶木	5.8	—	1
2017	TTFZH01	2 500	亚乔木层	罗浮柿	5.3	—	1
2017	TTFZH01	2 500	亚乔木层	马银花	8.1	—	1
2017	TTFZH01	2 500	亚乔木层	赛山梅	5.1	—	1
2017	TTFZH01	2 500	亚乔木层	樟	7.9	—	1
2017	TTFFZ01	2 500	乔木层	木荷	21.3	5.9	235
2017	TTFFZ01	2 500	乔木层	柯	16.9	2.8	15
2017	TTFFZ01	2 500	乔木层	杨梅	13.7	3.6	4
2017	TTFFZ01	2 500	乔木层	细叶青冈	20.4	4.0	3
2017	TTFFZ01	2 500	乔木层	苦槠	18.3	4.8	2
2017	TTFFZ01	2 500	乔木层	海桐山矾	16.4	—	1
2017	TTFFZ01	2 500	乔木层	虎皮楠	17.3	—	1
2017	TTFFZ01	2 500	亚乔木层	木荷	9.6	0.3	3
2017	TTFFZ01	2 500	亚乔木层	薯豆	5.2	0.1	3
2017	TTFFZ01	2 500	亚乔木层	小果山龙眼	7.5	1.6	3

（续）

年份	样地代码	样地面积/m^2	群落层次	植物种名	平均胸径/cm	标准差/cm	株数/株
2017	TTFFZ01	2 500	亚乔木层	虎皮楠	5.9	0.6	2
2017	TTFFZ01	2 500	亚乔木层	细齿叶柃	6.6	0.1	2
2017	TTFFZ01	2 500	亚乔木层	赤楠	5.1	—	1
2017	TTFFZ01	2 500	亚乔木层	红楠	6.0	—	1
2017	TTFFZ01	2 500	亚乔木层	栲	5.2	—	1
2017	TTFFZ01	2 500	亚乔木层	柯	6.3	—	1
2017	TTFFZ01	2 500	亚乔木层	马银花	1.9	—	1
2017	TTFFZ01	2 500	亚乔木层	米槠	5.8	—	1
2017	TTFFZ01	2 500	亚乔木层	披针叶山矾	6.8	—	1
2017	TTFFZ01	2 500	亚乔木层	细枝柃	5.3	—	1
2017	TTFFZ01	2 500	亚乔木层	杨梅	9.1	—	1
2017	TTFFZ03	2 500	乔木层	木荷	15.4	5.7	187
2017	TTFFZ03	2 500	乔木层	柯	12.8	4.3	20
2017	TTFFZ03	2 500	乔木层	栲	18.1	5.8	16
2017	TTFFZ03	2 500	乔木层	檫木	15.9	4.8	9
2017	TTFFZ03	2 500	乔木层	苦槠	16.4	4.6	3
2017	TTFFZ03	2 500	乔木层	杉木	19.6	13.9	3
2017	TTFFZ03	2 500	乔木层	杨梅	10.5	0.7	2
2017	TTFFZ03	2 500	乔木层	白栎	10.5	—	1
2017	TTFFZ03	2 500	乔木层	虎皮楠	12.6	—	1
2017	TTFFZ03	2 500	乔木层	马尾松	28.4	—	1
2017	TTFFZ03	2 500	乔木层	樟	12.1	—	1
2017	TTFFZ03	2 500	亚乔木层	柯	7.1	1.4	242
2017	TTFFZ03	2 500	亚乔木层	木荷	7.7	1.5	129
2017	TTFFZ03	2 500	亚乔木层	杨梅	6.6	1.2	38
2017	TTFFZ03	2 500	亚乔木层	杉木	6.3	1.2	19
2017	TTFFZ03	2 500	亚乔木层	山鸡椒	6.8	1.6	15
2017	TTFFZ03	2 500	亚乔木层	苦槠	6.2	1.2	13
2017	TTFFZ03	2 500	亚乔木层	栲	6.5	1.2	5
2017	TTFFZ03	2 500	亚乔木层	白栎	8.4	0.7	4
2017	TTFFZ03	2 500	亚乔木层	檫木	7.2	1.6	4
2017	TTFFZ03	2 500	亚乔木层	檵木	6.6	1.5	2
2017	TTFFZ03	2 500	亚乔木层	罗浮柿	5.9	0.2	2
2017	TTFFZ03	2 500	亚乔木层	马尾松	8.8	1.6	2
2017	TTFFZ03	2 500	亚乔木层	山合欢	5.3	0.4	2
2017	TTFFZ03	2 500	亚乔木层	浙江新木姜子	5.5	0.1	2
2017	TTFFZ03	2 500	亚乔木层	赤楠	6.2	—	1
2017	TTFFZ03	2 500	亚乔木层	海桐山矾	7.1	—	1

（续）

年份	样地代码	样地面积/m^2	群落层次	植物种名	平均胸径/cm	标准差/cm	株数/株
2017	TTFFZ03	2 500	亚乔木层	老鼠矢	5.3	—	1
2017	TTFFZ03	2 500	亚乔木层	南酸枣	7.7	—	1
2017	TTFFZ03	2 500	亚乔木层	山矾	5.6	—	1
2017	TTFFZ03	2 500	亚乔木层	石楠	6.4	—	1
2017	TTFFZ03	2 500	亚乔木层	未知种	7.8	—	1
2017	TTFFZ03	2 500	亚乔木层	乌饭	6.1	—	1
2017	TTFFZ03	2 500	亚乔木层	细叶青冈	7.6	—	1
2017	TTFFZ03	2 500	亚乔木层	小叶青冈	9.0	—	1
2012	TTFZH01	2 500	乔木层	栲	28.8	9.8	74
2012	TTFZH01	2 500	乔木层	木荷	26.5	10.5	19
2012	TTFZH01	2 500	乔木层	柯	15.4	5.7	5
2012	TTFZH01	2 500	乔木层	虎皮楠	11.4	1.6	4
2012	TTFZH01	2 500	乔木层	檫木	34.1	3.4	3
2012	TTFZH01	2 500	乔木层	枫香树	29.2	23.8	2
2012	TTFZH01	2 500	乔木层	港柯	18.9	12.1	2
2012	TTFZH01	2 500	乔木层	未知种	22.0	—	1
2012	TTFZH01	2 500	乔木层	细叶青冈	11.8	—	1
2012	TTFZH01	2 500	乔木层	杨梅	13.1	—	1
2012	TTFZH01	2 500	亚乔木层	浙江新木姜子	6.0	1.2	14
2012	TTFZH01	2 500	亚乔木层	虎皮楠	6.1	1.1	5
2012	TTFZH01	2 500	亚乔木层	薯豆	6.6	1.0	5
2012	TTFZH01	2 500	亚乔木层	披针叶山矾	6.5	0.9	4
2012	TTFZH01	2 500	亚乔木层	细枝柃	5.9	0.8	4
2012	TTFZH01	2 500	亚乔木层	薄叶山矾	5.1	0.1	3
2012	TTFZH01	2 500	亚乔木层	栓叶安息香	7.2	1.5	3
2012	TTFZH01	2 500	亚乔木层	杨梅	6.8	2.2	3
2012	TTFZH01	2 500	亚乔木层	短梗冬青	5.9	0.9	2
2012	TTFZH01	2 500	亚乔木层	老鼠矢	5.3	0.4	2
2012	TTFZH01	2 500	亚乔木层	马银花	5.8	1.2	2
2012	TTFZH01	2 500	亚乔木层	毛花连蕊茶	5.4	0.6	2
2012	TTFZH01	2 500	亚乔木层	细齿叶柃	5.6	0.4	2
2012	TTFZH01	2 500	亚乔木层	香桂	7.0	2.0	2
2012	TTFZH01	2 500	亚乔木层	光亮山矾	5.0	—	1
2012	TTFZH01	2 500	亚乔木层	光叶石楠	5.5	—	1
2012	TTFZH01	2 500	亚乔木层	栲	5.6	—	1
2012	TTFZH01	2 500	亚乔木层	木荷	9.9	—	1
2012	TTFZH01	2 500	亚乔木层	未知种	9.4	—	1
2012	TTFZH01	2 500	亚乔木层	樟	5.8	—	1

(续)

年份	样地代码	样地面积/m²	群落层次	植物种名	平均胸径/cm	标准差/cm	株数/株
2012	TTFZH01	2 500	亚乔木层	小果山龙眼	5.0	—	1
2012	TTFFZ01	2 500	乔木层	木荷	19.5	5.6	267
2012	TTFFZ01	2 500	乔木层	柯	16.4	3.0	27
2012	TTFFZ01	2 500	乔木层	未知种	20.7	10.6	7
2012	TTFFZ01	2 500	乔木层	细叶青冈	19.5	3.9	4
2012	TTFFZ01	2 500	乔木层	杨梅	13.7	3.8	4
2012	TTFFZ01	2 500	乔木层	苦槠	19.0	3.6	3
2012	TTFFZ01	2 500	乔木层	海桐山矾	16.5	0.2	2
2012	TTFFZ01	2 500	乔木层	虎皮楠	17.6	—	1
2012	TTFFZ01	2 500	亚乔木层	木荷	8.9	0.8	12
2012	TTFFZ01	2 500	亚乔木层	小果山龙眼	6.6	1.3	3
2012	TTFFZ01	2 500	亚乔木层	未知种	8.3	1.8	2
2012	TTFFZ01	2 500	亚乔木层	细齿叶柃	5.8	0.6	2
2012	TTFFZ01	2 500	亚乔木层	柯	7.2	—	1
2012	TTFFZ01	2 500	亚乔木层	老鼠矢	5.1	—	1
2012	TTFFZ01	2 500	亚乔木层	米槠	5.0	—	1
2012	TTFFZ01	2 500	亚乔木层	披针叶山矾	5.4	—	1
2012	TTFFZ01	2 500	亚乔木层	杨梅	9.7	—	1
2012	TTFFZ01	2 500	亚乔木层	窄基红褐柃	5.7	—	1
2012	TTFFZ03	2 500	乔木层	木荷	15.4	5.9	107
2012	TTFFZ03	2 500	乔木层	栲	15.6	4.7	15
2012	TTFFZ03	2 500	乔木层	柯	11.4	1.5	11
2012	TTFFZ03	2 500	乔木层	檫木	15.0	2.0	5
2012	TTFFZ03	2 500	乔木层	杨梅	16.7	9.7	4
2012	TTFFZ03	2 500	乔木层	苦槠	13.3	1.3	2
2012	TTFFZ03	2 500	乔木层	杉木	12.4	2.7	2
2012	TTFFZ03	2 500	乔木层	虎皮楠	10.7	—	1
2012	TTFFZ03	2 500	乔木层	马尾松	28.3	—	1
2012	TTFFZ03	2 500	亚乔木层	柯	6.8	1.2	218
2012	TTFFZ03	2 500	亚乔木层	木荷	7.7	1.4	189
2012	TTFFZ03	2 500	亚乔木层	杨梅	6.3	1.0	24
2012	TTFFZ03	2 500	亚乔木层	杉木	6.2	1.1	17
2012	TTFFZ03	2 500	亚乔木层	山鸡椒	5.6	0.4	12
2012	TTFFZ03	2 500	亚乔木层	苦槠	5.6	0.7	11
2012	TTFFZ03	2 500	亚乔木层	栲	6.9	2.0	7
2012	TTFFZ03	2 500	亚乔木层	檫木	7.0	1.1	6
2012	TTFFZ03	2 500	亚乔木层	白栎	8.2	1.2	5
2012	TTFFZ03	2 500	亚乔木层	檵木	7.5	2.9	2

（续）

年份	样地代码	样地面积/m²	群落层次	植物种名	平均胸径/cm	标准差/cm	株数/株
2012	TTFFZ03	2 500	亚乔木层	马尾松	7.3	1.2	2
2012	TTFFZ03	2 500	亚乔木层	浙江新木姜子	7.0	2.6	2
2012	TTFFZ03	2 500	亚乔木层	赤楠	5.4	—	1
2012	TTFFZ03	2 500	亚乔木层	海桐山矾	7.1	—	1
2012	TTFFZ03	2 500	亚乔木层	老鼠矢	6.7	—	1
2012	TTFFZ03	2 500	亚乔木层	毛花连蕊茶	7.1	—	1
2012	TTFFZ03	2 500	亚乔木层	南酸枣	5.1	—	1
2012	TTFFZ03	2 500	亚乔木层	山合欢	5.7	—	1
2012	TTFFZ03	2 500	亚乔木层	石楠	6.1	—	1
2012	TTFFZ03	2 500	亚乔木层	未知种	5.2	—	1
2012	TTFFZ03	2 500	亚乔木层	乌饭	5.2	—	1
2012	TTFFZ03	2 500	亚乔木层	细叶青冈	6.0	—	1
2012	TTFFZ03	2 500	亚乔木层	樟	9.1	—	1
2012	TTFFZ03	2 500	亚乔木层	小叶青冈	6.9	—	1
2008	TTFZH01	2 500	乔木层	栲	27.4	8.7	84
2008	TTFZH01	2 500	乔木层	木荷	25.4	10.7	19
2008	TTFZH01	2 500	乔木层	柯	15.3	5.2	5
2008	TTFZH01	2 500	乔木层	檫木	30.2	3.4	3
2008	TTFZH01	2 500	乔木层	枫香树	30.3	24.3	2
2008	TTFZH01	2 500	乔木层	杨梅	13.8	3.5	2
2008	TTFZH01	2 500	乔木层	港柯	10.2	—	1
2008	TTFZH01	2 500	乔木层	虎皮楠	11.6	—	1
2008	TTFZH01	2 500	乔木层	细叶青冈	18.9	—	1
2008	TTFZH01	2 500	乔木层	樟	11.3	—	1
2008	TTFZH01	2 500	亚乔木层	虎皮楠	6.2	0.6	3
2008	TTFZH01	2 500	亚乔木层	浙江新木姜子	5.5	0.2	3
2008	TTFZH01	2 500	亚乔木层	栲	5.3	—	1
2008	TTFZH01	2 500	亚乔木层	马银花	5.5	—	1
2008	TTFZH01	2 500	亚乔木层	毛花连蕊茶	5.0	—	1
2008	TTFZH01	2 500	亚乔木层	披针叶山矾	5.6	—	1
2008	TTFZH01	2 500	亚乔木层	栓叶安息香	6.3	—	1
2008	TTFFZ01	2 500	乔木层	木荷	18.1	4.7	259
2008	TTFFZ01	2 500	乔木层	柯	16.0	3.2	36
2008	TTFFZ01	2 500	乔木层	苦槠	15.4	3.6	4
2008	TTFFZ01	2 500	乔木层	细叶青冈	15.1	1.1	4

（续）

年份	样地代码	样地面积/m²	群落层次	植物种名	平均胸径/cm	标准差/cm	株数/株
2008	TTFFZ01	2 500	乔木层	杨梅	14.6	2.8	4
2008	TTFFZ01	2 500	乔木层	海桐山矾	15.6	—	1
2008	TTFFZ01	2 500	乔木层	虎皮楠	11.2	—	1
2008	TTFFZ01	2 500	乔木层	马尾松	17.2	—	1
2008	TTFFZ01	2 500	乔木层	米槠	23.6	—	1
2008	TTFFZ01	2 500	亚乔木层	木荷	8.9	0.6	19
2008	TTFFZ01	2 500	亚乔木层	杨梅	8.5	1.1	2
2008	TTFFZ01	2 500	亚乔木层	苦槠	9.5	—	1
2008	TTFFZ01	2 500	亚乔木层	罗浮柿	6.5	—	1
2008	TTFFZ01	2 500	亚乔木层	细叶青冈	6.5	—	1
2008	TTFFZ01	2 500	亚乔木层	小果山龙眼	6.7	—	1
2008	TTFFZ03	2 500	乔木层	木荷	17.9	6.3	42
2008	TTFFZ03	2 500	乔木层	柯	13.8	3.4	7
2008	TTFFZ03	2 500	乔木层	马尾松	18.8	3.1	6
2008	TTFFZ03	2 500	乔木层	檫木	13.8	3.1	4
2008	TTFFZ03	2 500	乔木层	栲	10.5	0.3	2
2008	TTFFZ03	2 500	乔木层	苦槠	15.4	2.5	2
2008	TTFFZ03	2 500	亚乔木层	柯	6.4	1.1	136
2008	TTFFZ03	2 500	亚乔木层	木荷	7.2	1.3	106
2008	TTFFZ03	2 500	亚乔木层	杉木	6.6	1.3	16
2008	TTFFZ03	2 500	亚乔木层	杨梅	6.7	1.1	13
2008	TTFFZ03	2 500	亚乔木层	檫木	8.4	1.6	5
2008	TTFFZ03	2 500	亚乔木层	马尾松	8.0	0.6	3
2008	TTFFZ03	2 500	亚乔木层	山鸡椒	5.9	0.8	3
2008	TTFFZ03	2 500	亚乔木层	苦槠	5.5	0.4	2
2008	TTFFZ03	2 500	亚乔木层	老鼠矢	6.6	1.3	2
2008	TTFFZ03	2 500	亚乔木层	海桐山矾	5.0	—	1
2008	TTFFZ03	2 500	亚乔木层	栲	8.7	—	1
2008	TTFFZ03	2 500	亚乔木层	罗浮柿	5.4	—	1
2008	TTFFZ03	2 500	亚乔木层	山合欢	5.4	—	1
2008	TTFFZ03	2 500	亚乔木层	樟	6.0	—	1
2008	TTFFZ03	2 500	亚乔木层	浙江新木姜子	6.3	—	1

次生常绿阔叶林演替系列样地乔木层和亚乔木层平均胸径和株数的变化见图 3－2。

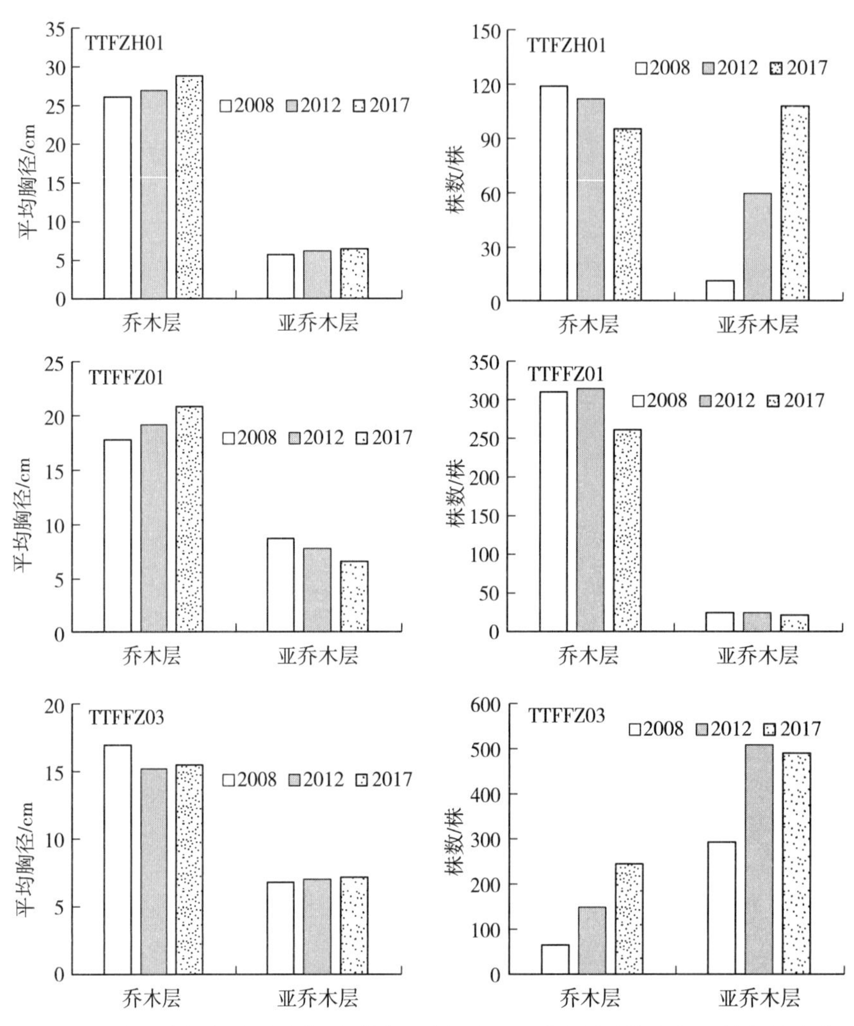

图 3－2 次生常绿阔叶林演替系列样地乔木层和亚乔木层平均胸径和株数的变化

3.1.4 灌木层基径数据集

3.1.4.1 概述

本数据集包括天童站 2008—2017 年常绿阔叶林次生演替系列样地［栲树林综合观测场（TTFZH01）、木荷林辅助观测场（TTFFZ01）、檵木-石栎次生常绿灌丛辅助观测场（TTFFZ03）］植物群落分种生物量数据，包括调查年份、样地代码、植物种类、株数和基径。调查间隔为 5 年。样地的基本信息见 2.2.1。

3.1.4.2 数据采集和处理方法

在 3 个监测样地中设置灌木调查样方，每个样方规格为 5 m×5 m，采用 5 点法在样地四角和中间各选择灌木样方 4 个，共计 20 个；采取人工测量的方式采集数据，采集对象为灌木层，测量工具为胸径尺，小数点后保留 1 位有效数字。在质控数据的基础上，以年和物种为基础单元，统计物种水平上的结果，并注明株数和标准差。

3.1.4.3 数据质量控制和评估

（1）对数据获取流程进行质量控制。用塑料绳将样地划分为 5 m×5 m 的小样格，逐格调查，避免遗漏。

（2）通过辅助标识进行质量控制。悬挂标牌，并记录所有灌木个体的空间坐标，通过标牌编号进行不同调查年际的匹配，标牌脱落的，通过坐标确定并重新挂牌。

（3）重复调查时进行质量控制。复查时携带前一次的调查数据，避免调查缺失，同时用前一次数据做参照，降低新调查数据错误率，同时也修正前一次的数据。

（4）数据质量评估。采用双输入法和程序检查方法对输入的数据进行校对。

3.1.4.4　数据价值

基径是衡量灌木个体大小的指标。通过平均基径和株数可以判断灌木物种在灌木层次中的优势程度。不同年份物种个体数量和平均基径的变化可以反映该物种种群的变化趋势。灌木层的乔木树种通常为幼苗或幼树，物种基径和株数的信息一定程度上反映了该物种的更新状态以及年际变化。

3.1.4.5　数据

常绿阔叶林次生演替系列样地植物群落分种基径见表3-4。

表3-4　常绿阔叶林次生演替系列样地植物群落分种基径

年份	样地代码	样地面积/m^2	植物种名	平均基径/cm	标准差/cm	株数/株
2017	TTFZH01	500	毛花连蕊茶	1.7	1.0	27
2017	TTFZH01	500	窄基红褐柃	1.7	0.5	16
2017	TTFZH01	500	檵木	2.4	1.0	13
2017	TTFZH01	500	栲	1.5	0.3	11
2017	TTFZH01	500	柯	3.8	1.3	10
2017	TTFZH01	500	短梗冬青	1.9	0.7	8
2017	TTFZH01	500	杉木	3.5	1.1	7
2017	TTFZH01	500	细枝柃	2.8	1.5	6
2017	TTFZH01	500	山矾	3.4	1.6	5
2017	TTFZH01	500	浙江新木姜子	1.2	0.3	5
2017	TTFZH01	500	薄叶山矾	1.3	0.3	4
2017	TTFZH01	500	木荷	2.1	1.4	4
2017	TTFZH01	500	虎皮楠	1.7	0.8	3
2017	TTFZH01	500	披针叶山矾	1.2	0.3	3
2017	TTFZH01	500	狗骨柴	2.7	1.6	2
2017	TTFZH01	500	红楠	1.8	0.0	2
2017	TTFZH01	500	马银花	2.4	0.7	2
2017	TTFZH01	500	铁冬青	3.1	0.4	2
2017	TTFZH01	500	细叶青冈	1.2	0.1	2
2017	TTFZH01	500	杨桐	1.0	0.1	2
2017	TTFZH01	500	笔罗子	1.2	—	1
2017	TTFZH01	500	檫木	2.0	—	1
2017	TTFZH01	500	格药柃	2.6	—	1
2017	TTFZH01	500	褐叶青冈	1.5	—	1
2017	TTFZH01	500	海桐山矾	1.3	—	1
2017	TTFZH01	500	苦槠	1.7	—	1
2017	TTFZH01	500	老鼠矢	1.1	—	1
2017	TTFZH01	500	罗浮柿	1.5	—	1

（续）

年份	样地代码	样地面积/m^2	植物种名	平均基径/cm	标准差/cm	株数/株
2017	TTFZH01	500	拟赤杨	3.3	—	1
2017	TTFZH01	500	赛山梅	1.3	—	1
2017	TTFZH01	500	细齿叶柃	1.2	—	1
2017	TTFZH01	500	香桂	0.7	—	1
2017	TTFZH01	500	小果山龙眼	1.9	—	1
2017	TTFZH01	500	小叶青冈	2.1	—	1
2017	TTFFZ03	500	山矾	2.2	0.7	73
2017	TTFFZ03	500	赤楠	1.8	0.8	56
2017	TTFFZ03	500	柯	2.9	1.2	55
2017	TTFFZ03	500	檵木	2.1	0.8	53
2017	TTFFZ03	500	窄基红褐柃	1.7	0.7	28
2017	TTFFZ03	500	毛花连蕊茶	1.9	0.7	23
2017	TTFFZ03	500	赛山梅	2.8	0.9	11
2017	TTFFZ03	500	马银花	2.7	0.8	8
2017	TTFFZ03	500	杉木	3.5	0.7	8
2017	TTFFZ03	500	苦槠	4.2	1.2	5
2017	TTFFZ03	500	江南越橘	3.2	1.3	4
2017	TTFFZ03	500	木荷	3.7	0.6	4
2017	TTFFZ03	500	山鸡椒	2.9	1.2	3
2017	TTFFZ03	500	杨梅	3.4	2.0	3
2017	TTFFZ03	500	米槠	3.1	1.6	2
2017	TTFFZ03	500	青冈	1.3	0.1	2
2017	TTFFZ03	500	浙江新木姜子	1.9	0.6	2
2017	TTFFZ03	500	白檀	1.5	—	1
2017	TTFFZ03	500	光叶石楠	2.6	—	1
2017	TTFFZ03	500	老鼠矢	3.3	—	1
2017	TTFFZ03	500	乌饭	2.6	—	1
2017	TTFFZ03	500	宜昌荚蒾	1.7	—	1
2017	TTFFZ01	500	马银花	2.6	1.1	73
2017	TTFFZ01	500	毛花连蕊茶	2.2	0.7	33
2017	TTFFZ01	500	窄基红褐柃	2.3	0.8	29
2017	TTFFZ01	500	山矾	2.1	0.7	25
2017	TTFFZ01	500	米槠	2.3	0.9	15
2017	TTFFZ01	500	杨梅	2.7	1.1	12
2017	TTFFZ01	500	赤楠	1.9	0.7	9
2017	TTFFZ01	500	栲	1.9	0.6	8
2017	TTFFZ01	500	薄叶山矾	2.2	1.1	4
2017	TTFFZ01	500	格药柃	3.0	0.9	4

（续）

年份	样地代码	样地面积/ m^2	植物种名	平均基径/ cm	标准差/ cm	株数/株
2017	TTFFZ01	500	海桐山矾	3.0	1.0	4
2017	TTFFZ01	500	红楠	1.9	0.7	4
2017	TTFFZ01	500	柯	1.8	0.4	4
2017	TTFFZ01	500	小果山龙眼	2.1	0.6	4
2017	TTFFZ01	500	短梗冬青	2.2	1.1	3
2017	TTFFZ01	500	黄牛奶树	3.4	1.5	3
2017	TTFFZ01	500	薯豆	3.3	2.3	3
2017	TTFFZ01	500	细叶青冈	3.8	1.6	3
2017	TTFFZ01	500	细枝柃	2.6	0.9	3
2017	TTFFZ01	500	青冈	1.6	0.2	2
2017	TTFFZ01	500	细齿叶柃	2.0	0.1	2
2017	TTFFZ01	500	杨桐	2.9	0.1	2
2017	TTFFZ01	500	褐叶青冈	3.8	—	1
2017	TTFFZ01	500	华东木犀	2.9	—	1
2017	TTFFZ01	500	黄丹木姜子	1.4	—	1
2017	TTFFZ01	500	檵木	1.2	—	1
2017	TTFFZ01	500	雷公鹅耳枥	4.2	—	1
2017	TTFFZ01	500	江南越橘	2.7	—	1
2017	TTFFZ01	500	披针叶山矾	1.2	—	1
2017	TTFFZ01	500	浙江新木姜子	1.3	—	1
2012	TTFZH01	500	毛花连蕊茶	3.4	0.9	30
2012	TTFZH01	500	浙江新木姜子	3.9	1.0	16
2012	TTFZH01	500	山矾	3.4	0.9	7
2012	TTFZH01	500	窄基红褐柃	2.6	0.3	7
2012	TTFZH01	500	虎皮楠	4.5	0.8	5
2012	TTFZH01	500	细枝柃	4.5	0.7	5
2012	TTFZH01	500	细齿叶柃	3.9	0.6	4
2012	TTFZH01	500	短梗冬青	3.8	0.7	3
2012	TTFZH01	500	薯豆	3.9	1.4	3
2012	TTFZH01	500	薄叶山矾	5.3	0.4	2
2012	TTFZH01	500	格药柃	3.8	1.5	2
2012	TTFZH01	500	狗骨柴	2.1	0.1	2
2012	TTFZH01	500	光亮山矾	3.9	2.2	2
2012	TTFZH01	500	红楠	3.7	2.4	2
2012	TTFZH01	500	栲	3.5	0.4	2
2012	TTFZH01	500	老鼠矢	2.7	0.4	2
2012	TTFZH01	500	披针叶山矾	4.3	1.0	2
2012	TTFZH01	500	香桂	4.8	0.3	2

（续）

年份	样地代码	样地面积/m^2	植物种名	平均基径/cm	标准差/cm	株数/株
2012	TTFZH01	500	赤楠	5.1	—	1
2012	TTFZH01	500	罗浮柿	3.4	—	1
2012	TTFZH01	500	木荷	5.0	—	1
2012	TTFZH01	500	赛山梅	2.4	—	1
2012	TTFZH01	500	未知种	4.6	—	1
2012	TTFZH01	500	野茉莉	5.1	—	1
2012	TTFFZ03	500	柯	3.6	1.0	135
2012	TTFFZ03	500	檵木	2.6	0.6	57
2012	TTFFZ03	500	山矾	2.8	0.8	56
2012	TTFFZ03	500	木荷	3.7	0.9	28
2012	TTFFZ03	500	杉木	3.4	0.9	23
2012	TTFFZ03	500	赤楠	2.3	0.6	20
2012	TTFFZ03	500	苦槠	3.8	0.9	17
2012	TTFFZ03	500	毛花连蕊茶	2.9	0.9	13
2012	TTFFZ03	500	赛山梅	2.8	0.5	9
2012	TTFFZ03	500	窄基红褐柃	2.6	0.6	8
2012	TTFFZ03	500	山鸡椒	3.3	1.0	6
2012	TTFFZ03	500	乌饭	2.5	0.4	6
2012	TTFFZ03	500	杨梅	3.0	0.7	4
2012	TTFFZ03	500	马银花	2.9	0.9	3
2012	TTFFZ03	500	江南越橘	3.7	0.7	3
2012	TTFFZ03	500	短梗冬青	2.2	0.1	2
2012	TTFFZ03	500	格药柃	2.4	0.2	2
2012	TTFFZ03	500	青冈	4.0	0.7	2
2012	TTFFZ03	500	未知种	2.8	0.5	2
2012	TTFFZ03	500	浙江新木姜子	3.9	1.8	2
2012	TTFFZ03	500	光叶石楠	2.7	—	1
2012	TTFFZ03	500	海桐山矾	4.9	—	1
2012	TTFFZ03	500	虎皮楠	4.3	—	1
2012	TTFFZ03	500	栲	5.6	—	1
2012	TTFFZ03	500	老鼠矢	2.9	—	1
2012	TTFFZ03	500	米槠	2.8	—	1
2012	TTFFZ03	500	拟赤杨	3.4	—	1
2012	TTFFZ03	500	宜昌荚蒾	2.0	—	1
2012	TTFFZ01	500	马银花	2.9	0.7	65
2012	TTFFZ01	500	毛花连蕊茶	2.6	0.6	17
2012	TTFFZ01	500	山矾	2.5	0.4	15
2012	TTFFZ01	500	窄基红褐柃	2.6	0.8	14

（续）

年份	样地代码	样地面积/ m^2	植物种名	平均基径/ cm	标准差/ cm	株数/株
2012	TTFFZ01	500	米槠	2.8	0.7	11
2012	TTFFZ01	500	赤楠	3.0	0.8	10
2012	TTFFZ01	500	格药柃	3.0	0.4	10
2012	TTFFZ01	500	杨梅	3.5	0.7	10
2012	TTFFZ01	500	海桐山矾	3.0	0.6	6
2012	TTFFZ01	500	柯	2.4	0.4	4
2012	TTFFZ01	500	细叶青冈	3.3	0.8	4
2012	TTFFZ01	500	小果山龙眼	2.4	0.1	4
2012	TTFFZ01	500	栲	2.5	0.1	3
2012	TTFFZ01	500	薄叶山矾	2.8	0.2	2
2012	TTFFZ01	500	褐叶青冈	2.9	0.4	2
2012	TTFFZ01	500	红楠	3.1	1.3	2
2012	TTFFZ01	500	黄牛奶树	3.2	1.6	2
2012	TTFFZ01	500	檵木	2.4	0.7	2
2012	TTFFZ01	500	江南越橘	2.5	0.6	2
2012	TTFFZ01	500	薯豆	4.3	0.4	2
2012	TTFFZ01	500	小叶青冈	3.6	0.8	2
2012	TTFFZ01	500	杨桐	3.7	1.7	2
2012	TTFFZ01	500	赤皮青冈	2.7	—	1
2012	TTFFZ01	500	短梗冬青	3.8	—	1
2012	TTFFZ01	500	黄丹木姜子	2.6	—	1
2012	TTFFZ01	500	榄绿粗叶木	3.0	—	1
2012	TTFFZ01	500	老鼠矢	1.8	—	1
2012	TTFFZ01	500	雷公鹅耳枥	3.5	—	1
2012	TTFFZ01	500	未知种	1.9	—	1
2012	TTFFZ01	500	细枝柃	2.5	—	1
2008	TTFZH01	500	毛花连蕊茶	2.5	1.1	38
2008	TTFZH01	500	短梗冬青	1.8	1.5	11
2008	TTFZH01	500	窄基红褐柃	2.3	1.0	8
2008	TTFZH01	500	浙江新木姜子	3.4	1.2	8
2008	TTFZH01	500	细枝柃	3.6	2.0	7
2008	TTFZH01	500	山矾	2.7	0.8	6
2008	TTFZH01	500	薯豆	2.7	1.5	6
2008	TTFZH01	500	虎皮楠	3.3	0.9	5
2008	TTFZH01	500	老鼠矢	2.9	1.7	5
2008	TTFZH01	500	野茉莉	1.5	1.1	5
2008	TTFZH01	500	格药柃	2.4	1.2	4
2008	TTFZH01	500	薄叶山矾	4.5	2.0	3

（续）

年份	样地代码	样地面积/ m^2	植物种名	平均基径/ cm	标准差/ cm	株数/株
2008	TTFZH01	500	杨梅	1.5	0.8	3
2008	TTFZH01	500	红楠	2.8	1.8	2
2008	TTFZH01	500	披针叶山矾	3.9	1.0	2
2008	TTFZH01	500	细齿叶柃	4.1	0.1	2
2008	TTFZH01	500	香桂	3.4	3.4	2
2008	TTFZH01	500	小果山龙眼	2.8	1.4	2
2008	TTFZH01	500	笔罗子	1.9	—	1
2008	TTFZH01	500	赤楠	5.0	—	1
2008	TTFZH01	500	狗骨柴	2.0	—	1
2008	TTFZH01	500	褐叶青冈	0.9	—	1
2008	TTFZH01	500	海桐山矾	6.0	—	1
2008	TTFZH01	500	雷公鹅耳枥	1.4	—	1
2008	TTFZH01	500	柃木	2.2	—	1
2008	TTFZH01	500	野漆树	0.7	—	1
2008	TTFZH01	500	皱柄冬青	3.2	—	1
2008	TTFFZ03	500	柯	3.2	1.2	86
2008	TTFFZ03	500	檵木	1.8	0.6	65
2008	TTFFZ03	500	山矾	2.2	0.7	42
2008	TTFFZ03	500	赤楠	1.4	0.7	22
2008	TTFFZ03	500	窄基红褐柃	1.5	0.6	16
2008	TTFFZ03	500	苦槠	3.1	1.5	15
2008	TTFFZ03	500	乌饭	1.6	0.6	15
2008	TTFFZ03	500	杉木	3.1	1.1	14
2008	TTFFZ03	500	毛花连蕊茶	2.0	1.2	12
2008	TTFFZ03	500	野茉莉	2.1	0.7	11
2008	TTFFZ03	500	木荷	3.1	1.0	10
2008	TTFFZ03	500	山鸡椒	2.4	1.4	10
2008	TTFFZ03	500	檫木	2.8	1.6	5
2008	TTFFZ03	500	马银花	2.1	1.6	4
2008	TTFFZ03	500	海桐山矾	1.5	0.0	2
2008	TTFFZ03	500	老鼠矢	3.2	0.1	2
2008	TTFFZ03	500	柃木	1.6	0.1	2
2008	TTFFZ03	500	麻栎	2.0	0.3	2
2008	TTFFZ03	500	江南越橘	2.5	1.4	2
2008	TTFFZ03	500	杨梅	3.1	2.0	2
2008	TTFFZ03	500	白蜡树	1.0	—	1
2008	TTFFZ03	500	格药柃	1.4	—	1
2008	TTFFZ03	500	光叶石楠	2.0	—	1

（续）

年份	样地代码	样地面积/ m^2	植物种名	平均基径/ cm	标准差/ cm	株数/株
2008	TTFFZ03	500	褐叶青冈	4.8	—	1
2008	TTFFZ03	500	栲	0.7	—	1
2008	TTFFZ03	500	米槠	1.4	—	1
2008	TTFFZ03	500	南酸枣	0.8	—	1
2008	TTFFZ03	500	山合欢	2.4	—	1
2008	TTFFZ03	500	宜昌荚蒾	1.5	—	1
2008	TTFFZ03	500	浙江大青	2.6	—	1
2008	TTFFZ01	500	马银花	2.5	0.9	76
2008	TTFFZ01	500	山矾	1.6	0.6	53
2008	TTFFZ01	500	窄基红褐柃	1.7	0.8	43
2008	TTFFZ01	500	毛花连蕊茶	1.7	0.6	28
2008	TTFFZ01	500	栲	1.8	0.9	24
2008	TTFFZ01	500	海桐山矾	1.7	0.8	23
2008	TTFFZ01	500	米槠	1.9	0.7	20
2008	TTFFZ01	500	杨梅	2.2	1.1	14
2008	TTFFZ01	500	老鼠矢	2.1	1.2	9
2008	TTFFZ01	500	小果山龙眼	2.0	1.4	9
2008	TTFFZ01	500	檵木	1.7	0.8	8
2008	TTFFZ01	500	红楠	1.4	0.9	7
2008	TTFFZ01	500	柯	1.4	0.4	6
2008	TTFFZ01	500	细叶青冈	2.3	1.5	6
2008	TTFFZ01	500	赤楠	2.4	1.4	5
2008	TTFFZ01	500	格药柃	2.2	0.5	5
2008	TTFFZ01	500	薯豆	1.9	1.2	5
2008	TTFFZ01	500	江南越橘	1.8	0.7	4
2008	TTFFZ01	500	大叶冬青	0.7	0.2	3
2008	TTFFZ01	500	褐叶青冈	2.3	0.4	3
2008	TTFFZ01	500	木荷	1.4	0.3	3
2008	TTFFZ01	500	乌饭	1.6	0.4	3
2008	TTFFZ01	500	杨桐	3.3	1.4	3
2008	TTFFZ01	500	黄牛奶树	2.4	1.4	2
2008	TTFFZ01	500	苦槠	1.3	0.1	2
2008	TTFFZ01	500	薄叶山矾	2.8	—	1
2008	TTFFZ01	500	笔罗子	0.7	—	1
2008	TTFFZ01	500	赤皮青冈	2.3	—	1
2008	TTFFZ01	500	短梗冬青	3.8	—	1
2008	TTFFZ01	500	黄丹木姜子	1.7	—	1
2008	TTFFZ01	500	披针叶山矾	0.9	—	1
2008	TTFFZ01	500	栀子	2.8	—	1

3.1.5 乔木、灌木、草本层物种平均高度数据集

3.1.5.1 概述

本数据集包括天童站2017年常绿阔叶林次生演替系列样地［栲树林综合观测场（TTFZH01）、木荷林辅助观测场（TTFFZ01）、常绿灌丛辅助观测场（TTFFZ03）］植物群落乔木、灌木、草本层物种的平均高度的观测数据，包括样地代码、调查年份、群落层次、植物种名、高度和株数。样地的基本信息见2.2.1。

3.1.5.2 数据采集和处理方法

逐个体进行测量，采用20 m和5 m的测高杆分别进行乔木层、灌木层的高度测量，高度超过20 m的个体在测高杆的基础上进行估计，小数点后保留1位有效数字。灌木层样方面积为500 m^2，样方设置方法参见3.1.4。草本层采用5点法在样地四角和中间各选择的灌木层样方中各设置2个2 m×2 m的样方，共计10个草本样方，调查样方内所有草本植物和木本植物幼苗的种类、高度、盖度等信息，草本层植物不记录株数，采用频度。在质控数据的基础上，以物种为基础单元统计结果，并注明株数和标准差。

3.1.5.3 数据质量控制和评估

（1）对数据获取流程进行质量控制。乔木和灌木调查时用塑料绳将样地划分为5 m×5 m的小样格，将草本层划分为2 m×2 m的小样格，逐格调查，避免遗漏。

（2）通过辅助标识进行质量控制。悬挂标牌，并记录所有个体的空间坐标，通过标牌编号进行不同调查年际的匹配，标牌脱落的，通过坐标确定并重新挂牌。

（3）设置标尺作为高度测量的参照。通过配备合适高度的测高杆作为标尺，确保高度测量精度。

（4）数据质量评估。采用双输入法和程序检查方法对输入的数据进行校对。

3.1.5.4 数据价值

不同群落层次物种的高度数据，可以反映群落的垂直结构以及不同垂直层次的优势物种；年际物种的高度变化反映了一个物种的生长状态，是开展群落动态研究的重要基础。

3.1.5.5 数据

常绿阔叶林次生演替系列样地植物群落乔木层、灌木层分种高度见表3-5。

表3-5 常绿阔叶林次生演替系列样地植物群落乔木层、灌木层分种高度

年份	样地代码	样地面积/m^2	群落层次	植物种名	平均高度/m	标准差/m	株数/频度
2017	TTFZH01	2 500	乔木层	栲	16.1	2.5	57
2017	TTFZH01	2 500	乔木层	木荷	16.4	4.1	18
2017	TTFZH01	2 500	乔木层	虎皮楠	7.3	1.9	5
2017	TTFZH01	2 500	乔木层	柯	9.4	3.9	5
2017	TTFZH01	2 500	乔木层	檫木	19.7	1.5	3
2017	TTFZH01	2 500	乔木层	枫香树	14.5	2.1	2
2017	TTFZH01	2 500	乔木层	杨梅	7.3	0.4	2
2017	TTFZH01	2 500	乔木层	港柯	16.0	—	1
2017	TTFZH01	2 500	乔木层	细叶青冈	11.0	—	1
2017	TTFZH01	2 500	乔木层	香桂	6.5	—	1
2017	TTFZH01	2 500	亚乔木层	浙江新木姜子	6.5	1.6	27
2017	TTFZH01	2 500	亚乔木层	虎皮楠	6.3	1.3	14

（续）

年份	样地代码	样地面积/m²	群落层次	植物种名	平均高度/m	标准差/m	株数/频度
2017	TTFZH01	2 500	亚乔木层	薯豆	6.5	1.6	8
2017	TTFZH01	2 500	亚乔木层	细枝柃	3.8	0.9	8
2017	TTFZH01	2 500	亚乔木层	薄叶山矾	5.0	0.9	6
2017	TTFZH01	2 500	亚乔木层	披针叶山矾	4.8	1.2	6
2017	TTFZH01	2 500	亚乔木层	短梗冬青	6.1	2.8	4
2017	TTFZH01	2 500	亚乔木层	红楠	5.6	0.6	3
2017	TTFZH01	2 500	亚乔木层	毛花连蕊茶	4.3	0.4	3
2017	TTFZH01	2 500	亚乔木层	栓叶安息香	5.4	1.0	3
2017	TTFZH01	2 500	亚乔木层	细齿叶柃	5.9	0.7	3
2017	TTFZH01	2 500	亚乔木层	香桂	6.6	2.1	3
2017	TTFZH01	2 500	亚乔木层	杨梅	5.5	0.5	3
2017	TTFZH01	2 500	亚乔木层	老鼠矢	4.9	0.1	2
2017	TTFZH01	2 500	亚乔木层	小果山龙眼	4.8	0.4	2
2017	TTFZH01	2 500	亚乔木层	杨桐	5.0	0.7	2
2017	TTFZH01	2 500	亚乔木层	窄基红褐柃	4.9	0.6	2
2017	TTFZH01	2 500	亚乔木层	格药柃	4.0	—	1
2017	TTFZH01	2 500	亚乔木层	光亮山矾	4.2	—	1
2017	TTFZH01	2 500	亚乔木层	光叶石楠	5.5	—	1
2017	TTFZH01	2 500	亚乔木层	栲	4.5	—	1
2017	TTFZH01	2 500	亚乔木层	榄绿粗叶木	4.7	—	1
2017	TTFZH01	2 500	亚乔木层	罗浮柿	5.5	—	1
2017	TTFZH01	2 500	亚乔木层	马银花	5.0	—	1
2017	TTFZH01	2 500	亚乔木层	赛山梅	3.9	—	1
2017	TTFZH01	2 500	亚乔木层	樟	7.0	—	1
2017	TTFZH01	500	灌木层	毛花连蕊茶	2.2	1.1	27
2017	TTFZH01	500	灌木层	窄基红褐柃	1.8	0.5	16
2017	TTFZH01	500	灌木层	檵木	2.9	1.1	13
2017	TTFZH01	500	灌木层	栲	1.9	0.4	11
2017	TTFZH01	500	灌木层	柯	3.8	1.0	10
2017	TTFZH01	500	灌木层	短梗冬青	1.5	0.4	8
2017	TTFZH01	500	灌木层	杉木	2.9	0.9	7
2017	TTFZH01	500	灌木层	细枝柃	2.2	0.5	6
2017	TTFZH01	500	灌木层	山矾	2.7	1.4	5
2017	TTFZH01	500	灌木层	浙江新木姜子	2.2	0.5	5
2017	TTFZH01	500	灌木层	薄叶山矾	1.6	0.4	4
2017	TTFZH01	500	灌木层	木荷	2.3	1.3	4
2017	TTFZH01	500	灌木层	虎皮楠	2.3	0.6	3
2017	TTFZH01	500	灌木层	披针叶山矾	1.9	0.6	3

（续）

年份	样地代码	样地面积/m^2	群落层次	植物种名	平均高度/m	标准差/m	株数/频度
2017	TTFZH01	500	灌木层	狗骨柴	2.7	1.3	2
2017	TTFZH01	500	灌木层	红楠	2.0	0.6	2
2017	TTFZH01	500	灌木层	马银花	1.9	0.1	2
2017	TTFZH01	500	灌木层	铁冬青	2.9	0.5	2
2017	TTFZH01	500	灌木层	细叶青冈	1.3	0.4	2
2017	TTFZH01	500	灌木层	杨桐	1.1	0.1	2
2017	TTFZH01	500	灌木层	笔罗子	1.5	—	1
2017	TTFZH01	500	灌木层	檫木	2.1	—	1
2017	TTFZH01	500	灌木层	格药柃	2.5	—	1
2017	TTFZH01	500	灌木层	褐叶青冈	2.3	—	1
2017	TTFZH01	500	灌木层	海桐山矾	1.6	—	1
2017	TTFZH01	500	灌木层	苦槠	3.5	—	1
2017	TTFZH01	500	灌木层	老鼠矢	1.3	—	1
2017	TTFZH01	500	灌木层	罗浮柿	2.5	—	1
2017	TTFZH01	500	灌木层	拟赤杨	4.5	—	1
2017	TTFZH01	500	灌木层	赛山梅	1.5	—	1
2017	TTFZH01	500	灌木层	细齿叶柃	2.3	—	1
2017	TTFZH01	500	灌木层	香桂	1.5	—	1
2017	TTFZH01	500	灌木层	小果山龙眼	1.6	—	1
2017	TTFZH01	500	灌木层	小叶青冈	1.7	—	1
2017	TTFZH01	40	草本层	里白	0.8	0.4	8
2017	TTFZH01	40	草本层	狗脊	0.6	0.5	5
2017	TTFZH01	40	草本层	豹皮樟	0.2	0.1	3
2017	TTFZH01	40	草本层	栲	0.1	0.0	3
2017	TTFZH01	40	草本层	草珊瑚	0.3	0.2	2
2017	TTFZH01	40	草本层	黑足鳞毛蕨	0.4	0.1	2
2017	TTFZH01	40	草本层	红凉伞	0.3	0.2	2
2017	TTFZH01	40	草本层	毛花连蕊茶	0.2	0.0	2
2017	TTFZH01	40	草本层	浙江苔草	0.2	0.1	2
2017	TTFFZ01	2 500	乔木层	木荷	18.0	2.8	235
2017	TTFFZ01	2 500	乔木层	柯	17.5	1.4	15
2017	TTFFZ01	2 500	乔木层	杨梅	9.3	5.2	4
2017	TTFFZ01	2 500	乔木层	细叶青冈	18.0	2.0	3
2017	TTFFZ01	2 500	乔木层	苦槠	11.3	8.1	2
2017	TTFFZ01	2 500	乔木层	海桐山矾	20.0	—	1
2017	TTFFZ01	2 500	乔木层	虎皮楠	18.0	—	1
2017	TTFFZ01	2 500	亚乔木层	木荷	13.3	4.7	3
2017	TTFFZ01	2 500	亚乔木层	薯豆	5.0	0.2	3

（续）

年份	样地代码	样地面积/m²	群落层次	植物种名	平均高度/m	标准差/m	株数/频度
2017	TTFFZ01	2 500	亚乔木层	小果山龙眼	4.4	0.6	3
2017	TTFFZ01	2 500	亚乔木层	虎皮楠	4.8	0.3	2
2017	TTFFZ01	2 500	亚乔木层	细齿叶柃	5.1	0.6	2
2017	TTFFZ01	2 500	亚乔木层	赤楠	4.9	—	1
2017	TTFFZ01	2 500	亚乔木层	红楠	5.1	—	1
2017	TTFFZ01	2 500	亚乔木层	楞	3.7	—	1
2017	TTFFZ01	2 500	亚乔木层	柯	7.5	—	1
2017	TTFFZ01	2 500	亚乔木层	马银花	3.4	—	1
2017	TTFFZ01	2 500	亚乔木层	米槠	3.9	—	1
2017	TTFFZ01	2 500	亚乔木层	披针叶山矾	5.6	—	1
2017	TTFFZ01	2 500	亚乔木层	细枝柃	5.1	—	1
2017	TTFFZ01	2 500	亚乔木层	杨梅	4.8	—	1
2017	TTFFZ01	500	灌木层	马银花	2.1	0.7	73
2017	TTFFZ01	500	灌木层	毛花连蕊茶	2.1	0.7	33
2017	TTFFZ01	500	灌木层	窄基红褐柃	2.1	0.7	29
2017	TTFFZ01	500	灌木层	山矾	1.6	0.3	25
2017	TTFFZ01	500	灌木层	米槠	2.4	1.0	15
2017	TTFFZ01	500	灌木层	杨梅	2.0	0.8	12
2017	TTFFZ01	500	灌木层	赤楠	1.9	0.6	9
2017	TTFFZ01	500	灌木层	楞	1.6	0.6	8
2017	TTFFZ01	500	灌木层	薄叶山矾	2.2	1.4	4
2017	TTFFZ01	500	灌木层	格药柃	2.6	0.8	4
2017	TTFFZ01	500	灌木层	海桐山矾	2.8	1.0	4
2017	TTFFZ01	500	灌木层	红楠	2.1	1.0	4
2017	TTFFZ01	500	灌木层	柯	1.7	0.3	4
2017	TTFFZ01	500	灌木层	小果山龙眼	1.9	0.5	4
2017	TTFFZ01	500	灌木层	短梗冬青	2.0	0.8	3
2017	TTFFZ01	500	灌木层	黄牛奶树	2.9	1.2	3
2017	TTFFZ01	500	灌木层	薯豆	2.2	1.0	3
2017	TTFFZ01	500	灌木层	细叶青冈	2.7	1.2	3
2017	TTFFZ01	500	灌木层	细枝柃	2.3	0.9	3
2017	TTFFZ01	500	灌木层	青冈	1.6	0.6	2
2017	TTFFZ01	500	灌木层	细齿叶柃	1.7	0.2	2
2017	TTFFZ01	500	灌木层	杨桐	2.5	0.7	2
2017	TTFFZ01	500	灌木层	褐叶青冈	3.0	—	1
2017	TTFFZ01	500	灌木层	华东木犀	2.0	—	1
2017	TTFFZ01	500	灌木层	黄丹木姜子	3.0	—	1
2017	TTFFZ01	500	灌木层	檵木	1.5	—	1

（续）

年份	样地代码	样地面积/m²	群落层次	植物种名	平均高度/m	标准差/m	株数/频度
2017	TTFFZ01	500	灌木层	雷公鹅耳枥	3.2	—	1
2017	TTFFZ01	500	灌木层	江南越橘	2.0	—	1
2017	TTFFZ01	500	灌木层	披针叶山矾	1.6	—	1
2017	TTFFZ01	500	灌木层	浙江新木姜子	1.1	—	1
2017	TTFFZ01	40	草本层	柯	0.3	0.1	9
2017	TTFFZ01	40	草本层	狗脊	0.5	0.3	7
2017	TTFFZ01	40	草本层	菝葜	0.3	0.1	3
2017	TTFFZ01	40	草本层	里白	0.7	0.1	3
2017	TTFFZ01	40	草本层	芒萁	0.3	0.1	3
2017	TTFFZ01	40	草本层	山矾	0.3	0.1	3
2017	TTFFZ01	40	草本层	暗色菝葜	0.4	0.2	2
2017	TTFFZ01	40	草本层	淡竹叶	0.7	0.5	2
2017	TTFFZ01	40	草本层	红凉伞	0.2	0.1	2
2017	TTFFZ01	40	草本层	红楠	0.2	0.0	2
2017	TTFFZ01	40	草本层	栲	0.4	0.1	2
2017	TTFFZ01	40	草本层	小果山龙眼	0.3	0.0	2
2017	TTFFZ01	40	草本层	羊角藤	0.2	0.0	2
2017	TTFFZ01	40	草本层	窄基红褐柃	0.6	0.1	2
2017	TTFFZ01	40	草本层	赤楠	0.4	—	1
2017	TTFFZ01	40	草本层	黑足鳞毛蕨	0.3	—	1
2017	TTFFZ01	40	草本层	老鼠矢	0.8	—	1
2017	TTFFZ01	40	草本层	鳞毛蕨	0.2	—	1
2017	TTFFZ01	40	草本层	毛花连蕊茶	0.7	—	1
2017	TTFFZ01	40	草本层	米槠	1.0	—	1
2017	TTFFZ01	40	草本层	木荷	0.4	—	1
2017	TTFFZ03	2 500	乔木层	木荷	8.5	1.5	187
2017	TTFFZ03	2 500	乔木层	柯	7.5	1.4	20
2017	TTFFZ03	2 500	乔木层	栲	9.9	2.5	16
2017	TTFFZ03	2 500	乔木层	檫木	9.2	1.7	9
2017	TTFFZ03	2 500	乔木层	苦槠	7.3	4.2	3
2017	TTFFZ03	2 500	乔木层	杉木	4.8	1.9	3
2017	TTFFZ03	2 500	乔木层	杨梅	7.3	1.1	2
2017	TTFFZ03	2 500	乔木层	白栎	8.0	—	1
2017	TTFFZ03	2 500	乔木层	虎皮楠	6.5	—	1
2017	TTFFZ03	2 500	乔木层	马尾松	12.0	—	1
2017	TTFFZ03	2 500	乔木层	樟	7.5	—	1
2017	TTFFZ03	2 500	亚乔木层	柯	6.9	1.4	242
2017	TTFFZ03	2 500	亚乔木层	木荷	7.0	1.6	129

（续）

年份	样地代码	样地面积/m²	群落层次	植物种名	平均高度/m	标准差/m	株数/频度
2017	TTFFZ03	2 500	亚乔木层	杨梅	4.9	1.3	38
2017	TTFFZ03	2 500	亚乔木层	杉木	4.7	1.2	19
2017	TTFFZ03	2 500	亚乔木层	山鸡椒	7.1	1.4	15
2017	TTFFZ03	2 500	亚乔木层	苦槠	5.8	1.1	13
2017	TTFFZ03	2 500	亚乔木层	栲	6.3	1.9	5
2017	TTFFZ03	2 500	亚乔木层	白栎	6.6	1.4	4
2017	TTFFZ03	2 500	亚乔木层	檫木	7.7	1.0	4
2017	TTFFZ03	2 500	亚乔木层	檵木	6.5	0.7	2
2017	TTFFZ03	2 500	亚乔木层	罗浮柿	6.2	0.5	2
2017	TTFFZ03	2 500	亚乔木层	马尾松	7.5	2.1	2
2017	TTFFZ03	2 500	亚乔木层	山合欢	7.3	1.1	2
2017	TTFFZ03	2 500	亚乔木层	浙江新木姜子	6.5	0.7	2
2017	TTFFZ03	2 500	亚乔木层	赤楠	3.9	—	1
2017	TTFFZ03	2 500	亚乔木层	海桐山矾	2.5	—	1
2017	TTFFZ03	2 500	亚乔木层	老鼠矢	4.9	—	1
2017	TTFFZ03	2 500	亚乔木层	南酸枣	8.0	—	1
2017	TTFFZ03	2 500	亚乔木层	山矾	8.0	—	1
2017	TTFFZ03	2 500	亚乔木层	石楠	8.0	—	1
2017	TTFFZ03	2 500	亚乔木层	未知种	7.0	—	1
2017	TTFFZ03	2 500	亚乔木层	乌饭	3.5	—	1
2017	TTFFZ03	2 500	亚乔木层	细叶青冈	7.0	—	1
2017	TTFFZ03	2 500	亚乔木层	小叶青冈	8.0	—	1
2017	TTFFZ03	500	灌木层	山矾	2.3	0.8	73
2017	TTFFZ03	500	灌木层	赤楠	2.2	1.0	56
2017	TTFFZ03	500	灌木层	柯	3.7	1.5	55
2017	TTFFZ03	500	灌木层	檵木	2.9	1.2	53
2017	TTFFZ03	500	灌木层	窄基红褐柃	1.8	0.8	28
2017	TTFFZ03	500	灌木层	毛花连蕊茶	2.4	1.2	23
2017	TTFFZ03	500	灌木层	赛山梅	3.8	1.0	11
2017	TTFFZ03	500	灌木层	马银花	2.4	1.1	8
2017	TTFFZ03	500	灌木层	杉木	3.0	1.0	8
2017	TTFFZ03	500	灌木层	苦槠	3.6	1.3	5
2017	TTFFZ03	500	灌木层	江南越橘	4.4	1.4	4
2017	TTFFZ03	500	灌木层	木荷	3.5	0.5	4
2017	TTFFZ03	500	灌木层	山鸡椒	4.2	0.4	3
2017	TTFFZ03	500	灌木层	杨梅	3.0	1.3	3
2017	TTFFZ03	500	灌木层	米槠	2.9	1.0	2
2017	TTFFZ03	500	灌木层	青冈	1.6	0.3	2

（续）

年份	样地代码	样地面积/ m^2	群落层次	植物种名	平均高度/ m	标准差/ m	株数/频度
2017	TTFFZ03	500	灌木层	浙江新木姜子	2.3	0.4	2
2017	TTFFZ03	500	灌木层	白檀	1.0	—	1
2017	TTFFZ03	500	灌木层	光叶石楠	2.2	—	1
2017	TTFFZ03	500	灌木层	老鼠矢	5.0	—	1
2017	TTFFZ03	500	灌木层	乌饭	2.4	—	1
2017	TTFFZ03	500	灌木层	宜昌荚蒾	2.8	—	1
2017	TTFFZ03	40	草本层	柯	0.3	0.1	6
2017	TTFFZ03	40	草本层	里白	0.6	0.3	4
2017	TTFFZ03	40	草本层	芒萁	0.4	0.1	4
2017	TTFFZ03	40	草本层	菝葜	0.2	0.1	2
2017	TTFFZ03	40	草本层	苦槠	0.5	0.3	2
2017	TTFFZ03	40	草本层	山矾	0.3	0.0	2
2017	TTFFZ03	40	草本层	赤楠	0.1	—	1
2017	TTFFZ03	40	草本层	狗脊	0.5	—	1
2017	TTFFZ03	40	草本层	虎皮楠	0.1	—	1
2017	TTFFZ03	40	草本层	青冈	0.3	—	1
2017	TTFFZ03	40	草本层	赛山梅	0.5	—	1
2017	TTFFZ03	40	草本层	山鸡椒	0.7	—	1
2017	TTFFZ03	40	草本层	杉木	0.3	—	1
2017	TTFFZ03	40	草本层	石斑木	0.1	—	1
2017	TTFFZ03	40	草本层	五节芒	0.5	—	1
2017	TTFFZ03	40	草本层	香港黄檀	0.1	—	1
2017	TTFFZ03	40	草本层	羊角藤	0.3	—	1
2017	TTFFZ03	40	草本层	窄基红褐柃	0.6	—	1

3.1.6 植物物种数数据集

3.1.6.1 概述

本数据集包括天童站2008—2017年常绿阔叶林次生演替系列样地［栲树林综合观测场（TTFZH01）、木荷林辅助观测场（TTFFZ01）、檵木-石栎次生常绿灌丛辅助观测场（TTFFZ03）］植物群落物种数，包括样地代码、调查年份、物种数等，调查间隔期为5年。样地的基本信息见2.2.1。

3.1.6.2 数据采集和处理方法

不同层次的物种数基于不同的调查样地面积，乔木层、亚乔木层样地面积为整个观测场，面积为2 500 m^2，灌木层样地面积为500 m^2，草本层样地面积为40 m^2，调查样地设置方法详见3.1.3、3.1.4和3.1.5。

3.1.6.3 数据质量控制和评估

（1）对数据获取流程进行质量控制。用塑料绳将样地划分为5 m×5 m的小样格，逐格调查，避免遗漏。通过辅助标识进行质量控制。做好重复数据的核对，通过采集标本进行核对。

（2）物种名称统一。所有物种名称参考 Flora of China。

（3）数据质量评估。采用双输入法和程序检查方法，对输入的数据进行校对。

3.1.6.4 数据价值

物种数是衡量森林物种多样性的基础指标。不同群落层次中物种数的比较以及年际的动态变化，能够反映群落不同层次的物种变化规律。结合演替系列的本底设置（不同演替阶段）和植物群落物种数量的变化（演替阶段内）能够较为完整地反映演替全进程中物种的替代关系。

3.1.6.5 数据

常绿阔叶林次生演替系列样地植物群落物种数见表 3-6。

表 3-6　常绿阔叶林次生演替系列样地植物群落物种数

年份	样地代码	样地面积/m^2	群落层次	物种数/个
2017	TTFZH01	2 500	乔木层	10
2017	TTFZH01	2 500	亚乔木层	26
2017	TTFZH01	500	灌木层	34
2017	TTFZH01	40	草本层	9
2017	TTFFZ01	2 500	乔木层	7
2017	TTFFZ01	2 500	亚乔木层	14
2017	TTFFZ01	500	灌木层	30
2017	TTFFZ01	40	草本层	21
2017	TTFFZ03	2 500	乔木层	11
2017	TTFFZ03	2 500	亚乔木层	24
2017	TTFFZ03	500	灌木层	22
2017	TTFFZ03	40	草本层	18
2012	TTFZH01	2 500	乔木层	10
2012	TTFZH01	2 500	亚乔木层	21
2012	TTFZH01	500	灌木层	24
2012	TTFFZ01	2 500	乔木层	8
2012	TTFFZ01	2 500	亚乔木层	10
2012	TTFFZ01	500	灌木层	30
2012	TTFFZ03	2 500	乔木层	9
2012	TTFFZ03	2 500	亚乔木层	24
2012	TTFFZ03	500	灌木层	28
2008	TTFZH01	2 500	乔木层	10
2008	TTFZH01	2 500	亚乔木层	7
2008	TTFZH01	500	灌木层	27
2008	TTFFZ01	2 500	乔木层	9
2008	TTFFZ01	2 500	亚乔木层	6
2008	TTFFZ01	500	灌木层	32
2008	TTFFZ03	2 500	乔木层	6
2008	TTFFZ03	2 500	亚乔木层	15
2008	TTFFZ03	500	灌木层	30

3.1.7 森林凋落物数据集

3.1.7.1 概述

本数据集包括天童站 2008—2017 年常绿阔叶林次生演替系列样地［栲树林综合观测场（TTFZH01）、木荷林辅助观测场（TTFFZ01）］凋落物生产量数据，包括样地代码、调查年份、凋落物各组分生产量等，调查间隔期为 5 年。样地的基本信息见 2.2.1。

3.1.7.2 数据采集和处理方法

2007 年底，在各样地内按倒“品”字形划分出 3 个面积为 225 m^2 的凋落物收集区，在每个收集区内布置 3 排收集框，每框间隔 5 m，共计 27 个收集框。收集框（高度为 0.6 m，面积为 1 m^2）由 PVC 管和尼龙网（孔径为 1 mm）组成。2008 年 1 月开始每月月底收集一次凋落物。收集完成后，将凋落物带回实验室，分成叶、枝、花、果、树皮和碎屑（主要为虫鸟粪、小动物残体和各种无法分辨的碎屑等）。将各组分凋落物在 80 ℃条件下烘干至恒重，用电子天平称重（精度为 0.01 g），并记录和换算为单位面积的凋落物量。季节和年际动态为 27 个收集框凋落物量的平均值。

3.1.7.3 数据质量控制和评估

（1）原始数据记录的质控措施：使用统一的纸质表格记录凋落物各组分干重、采样时间、记录人及相关信息。及时录入电子文档，并与纸质记录对照检查。

（2）数据质量评估：绘制凋落物的季节动态图，查看波峰、波谷出现的月份，比较不同年份的动态特征，对照纸质记录对异常数据进行核查。

3.1.7.4 数据价值

凋落物生产是森林生态系统中物质循环和能量流动的重要环节，在维持土壤肥力、促进生态系统养分循环中起着重要作用。凋落物生产量是衡量森林群落生产力的重要指标。天童站凋落物季节动态数据集体现了天童地区常绿阔叶林近 10 年凋落物生产量的变化情况，能为衡量常绿阔叶林生产力的变化提供数据支撑。

3.1.7.5 数据

常绿阔叶林次生演替系列样地凋落物季节动态见表 3-7。

表 3-7 常绿阔叶林次生演替系列样地凋落物季节动态（重复数 $n=27$）

时间（年-月）	样地代码	每样地枯枝干重/kg	每样地枯叶干重/kg	每样地落果（花）干重/kg	每样地树皮干重/kg	每样地杂物干重/kg
2008-01	TTFZH01	20.96±31.66	19.79±5.46	1.26±1.7	0.29±0.95	0.55±0.91
2008-02	TTFZH01	12.06±16.65	7.89±3.3	1.82±3.93	0.15±0.71	1.05±0.97
2008-03	TTFZH01	4.47±6	31.46±12.66	8.1±6.38	0.02±0.1	1.14±1.72
2008-04	TTFZH01	4.19±6.93	133.01±30.36	11.66±12.75	0.03±0.11	5.55±3.4
2008-05	TTFZH01	2.92±4.47	190.91±30.95	6.47±11.56	0.09±0.39	27.44±15.26
2008-06	TTFZH01	6.32±19.56	69.2±12.16	27.61±65.31	0.08±0.39	17.28±5.95
2008-07	TTFZH01	49.08±64.29	82.81±21.71	11.99±26.01	0.18±0.71	18.52±8.56
2008-08	TTFZH01	27.15±34.49	56.98±13.17	3.07±5.98	0.98±4.21	8.13±5.02
2008-09	TTFZH01	23.82±24.49	51.75±8.15	1.98±3.41	0.81±4.18	13.79±10
2008-10	TTFZH01	27±27.96	133.89±41.07	4.34±5.56	0	6.78±3.98
2008-11	TTFZH01	3.26±8.6	48.79±26.92	5.96±10.21	0	0.88±1.14
2008-12	TTFZH01	5.46±7.47	17.5±6.94	3.91±5.89	0	0.96±1.17
2009-01	TTFZH01	16.09±33.11	12.65±4.43	1.67±3.49	0.39±2.02	0.4±0.59

（续）

时间（年-月）	样地代码	每样地枯枝干重/kg	每样地枯叶干重/kg	每样地落果（花）干重/kg	每样地树皮干重/kg	每样地杂物干重/kg
2009-02	TTFZH01	44.4±114.5	33.44±13.25	2.11±4.41	0.46±2.02	1.73±0.94
2009-03	TTFZH01	37.27±109.44	69.93±14.8	1.2±2.39	0.07±0.28	6.38±2.96
2009-04	TTFZH01	14.9±22.05	155.51±27.79	5.89±5.06	0	10.59±4.48
2009-05	TTFZH01	18.71±16.21	263.51±68.15	23.66±9.74	0.35±1.28	14.36±5.95
2009-06	TTFZH01	21.22±24.31	198.49±82.62	25.79±31.44	0.9±3.76	15.99±7.51
2009-07	TTFZH01	17.71±33.94	48.98±49.34	3.68±4.73	0.55±2.84	11.6±8.33
2009-08	TTFZH01	49.53±39.03	80.19±19.38	11.35±22.07	0.98±3.69	19.72±11.54
2009-09	TTFZH01	20.99±18.59	98.29±17.62	10.37±20.03	0.98±3.69	15.69±10.53
2009-10	TTFZH01	6.78±10.67	139.46±39.11	5.78±13.11	0.03±0.14	0.63±0.59
2009-11	TTFZH01	2.37±2.94	76.6±28.55	4.93±13.05	0.03±0.14	1.01±0.64
2009-12	TTFZH01	17.16±56.61	19.94±5.28	1.13±1.36	0.03±0.13	0.95±0.54
2010-01	TTFZH01	24.09±62.3	10.96±3.34	3.99±4.85	1.55±6.74	1.85±0.89
2010-02	TTFZH01	12.76±13.77	23.79±4.13	4.18±4.93	2.33±10.9	1.28±0.89
2010-03	TTFZH01	6.44±6.4	56.47±7.96	1.48±2.07	0.8±4.18	0
2010-04	TTFZH01	0	81.59±9.62	0.93±1.55	0	0
2010-05	TTFZH01	8.1±11.95	156.07±23.64	4.05±4.72	0	1.83±0.87
2010-06	TTFZH01	8.52±9.13	68.63±17.25	21.98±43.1	0	6.75±2.25
2010-07	TTFZH01	14.12±12.35	56.53±11.65	15.01±32.73	0.26±1.33	15.18±5.11
2010-08	TTFZH01	11.61±13.36	60.64±7.38	0.62±1.34	0.26±1.33	12.15±4.14
2010-09	TTFZH01	1.88±4.54	96.74±9.54	6.35±2.54	0	2.97±0.54
2010-10	TTFZH01	2.1±6.31	134.18±23.34	7.9±2.78	0	2.41±0.48
2010-11	TTFZH01	1.82±3.47	148±33.81	2.55±1.92	0	2.31±0.6
2010-12	TTFZH01	16.57±41.39	58.82±12.84	1.41±0.83	0	0.99±0.38
2011-01	TTFZH01	16.21±41.17	8.2±3.07	0.73±0.38	0	0.02±0.08
2011-02	TTFZH01	24.5±50.57	3.01±0.79	0.17±0.4	0	0.04±0.16
2011-03	TTFZH01	14.77±23.44	45.2±15.51	7.8±8.52	0.05±0.24	11.38±4.28
2011-04	TTFZH01	5.89±11.31	80.84±29.05	14.3±15.76	0.1±0.45	21.3±8.08
2011-05	TTFZH01	22.98±81.9	290.43±125.03	11.36±19.88	4.95±21.24	32.87±17.1
2011-06	TTFZH01	59.41±64.9	167.03±55.79	38.54±75.19	6.47±18.42	25.09±10.58
2011-07	TTFZH01	23.42±21.66	79.39±24.93	19.81±36.86	2.32±7.34	14.41±5.82
2011-08	TTFZH01	120.1±145.25	82.28±21.81	5.18±5.96	4.13±5.98	18.22±9.1
2011-09	TTFZH01	41.83±53.13	85.38±24.51	1.94±4.16	0.84±2.17	16.09±8.36
2011-10	TTFZH01	7.99±8.97	124.83±53.73	3.04±6.33	0.09±0.28	6.29±3.84
2011-11	TTFZH01	5.12±12.35	240.04±91.63	2.92±4.99	1.46±7.61	4.38±2.53
2011-12	TTFZH01	17.2±24.42	41.77±16.36	1.92±5.36	0	1.34±0.72
2012-01	TTFZH01	3.28±6.88	12.37±6.53	0.63±1.62	0.02±0.11	1.49±1.4
2012-02	TTFZH01	9.49±9.43	9.66±12.14	0.84±1.86	0.93±1.95	2.42±1.15
2012-03	TTFZH01	29.93±27.93	20.88±7.29	7.6±11.4	5.51±25.8	3.87±3.22

（续）

时间（年-月）	样地代码	每样地枯枝干重/kg	每样地枯叶干重/kg	每样地落果（花）干重/kg	每样地树皮干重/kg	每样地杂物干重/kg
2012-04	TTFZH01	15.07±14.98	135.32±47.24	8.92±4.38	0	9.31±2.85
2012-05	TTFZH01	35.3±53.06	200.9±75.31	10.44±15.35	9.6±35.98	30.05±13.62
2012-06	TTFZH01	10.06±15.16	90.14±42.86	24.74±36.91	3.21±11.88	30.26±18.14
2012-07	TTFZH01	42.71±56.59	91.09±33.36	34.39±79.33	1.09±3.21	48.91±34.5
2012-08	TTFZH01	282.84±127.74	252.49±103.11	0.48±2.51	28.82±63.68	73.57±39.18
2012-09	TTFZH01	5.6±10.02	73.98±29.46	2.17±3.1	0.64±2.38	19.53±11.82
2012-10	TTFZH01	3.28±3.58	125.23±39.2	6.19±13.01	0.48±1.85	12.06±10.89
2012-11	TTFZH01	4.29±5.3	230.52±102.17	4.22±7.79	0.6±2.12	5.44±3.82
2012-12	TTFZH01	2.66±4.83	29.27±9.73	0.66±0.96	0.69±3.13	1.84±2
2013-01	TTFZH01	6.41±5.05	19.36±7.72	1.31±2.64	0.63±1.75	1.92±1.59
2013-02	TTFZH01	6.66±17.65	21.49±9.79	0.86±1.17	0.17±0.39	1.24±0.94
2013-03	TTFZH01	10.63±15.86	28.98±29.41	4.42±5.22	1.02±3.44	2.89±3.04
2013-04	TTFZH01	14.7±29.71	121.18±32.78	1.02±1.86	0.18±0.48	18.15±10.25
2013-05	TTFZH01	15.19±20.64	317.24±124.98	5.95±20.92	14.08±52.94	62.43±46.26
2013-06	TTFZH01	14.75±15.73	139.83±64.8	13.3±20.01	1.42±2.95	23.78±12.97
2013-07	TTFZH01	35.36±27.76	118.78±42.18	37.79±52.06	8.56±28.77	25.67±10.13
2013-08	TTFZH01	26.56±22.81	159.84±39.34	12.19±13.66	9.19±40.93	12.56±9.57
2013-09	TTFZH01	6.54±8.82	42.25±13.04	4.03±4.45	2.2±5.92	7.63±6.9
2013-10	TTFZH01	35.36±40.73	102.29±35	10.05±16.96	5.64±15.94	11.03±8.03
2013-11	TTFZH01	5.13±8.99	186.66±89.48	5.59±9.09	1.49±5.54	6.34±3.84
2013-12	TTFZH01	2.41±3.98	41.13±19.78	3.34±3.67	0.43±1.54	1.7±1.27
2014-01	TTFZH01	1.48±1.87	11.13±5.75	1.78±1.7	0.04±0.15	0.9±0.56
2014-02	TTFZH01	4.5±3.59	9.58±4.04	6.2±14.31	0.17±0.89	1.76±1.57
2014-03	TTFZH01	2.67±4.46	16.06±6.31	12.87±8.58	0.04±0.22	4.1±2.33
2014-04	TTFZH01	2.94±3.39	95.82±30.87	13.69±17.42	2.97±8.64	22.93±13.53
2014-05	TTFZH01	4.78±8.42	262.74±104.21	91.07±59.84	3.79±6.28	37.23±25.73
2014-06	TTFZH01	10.15±24.35	106.26±43.21	9.15±17.45	3.5±7.07	31.71±15.57
2014-07	TTFZH01	16.45±15.69	76.76±23.07	6.07±7.3	6.94±25.69	29.54±17.67
2014-08	TTFZH01	4.79±13.69	53.43±20.48	5.6±9.07	9±28.34	21.11±27.43
2014-09	TTFZH01	134.06±99.62	153.91±47.97	17.25±21.79	20.51±32.34	23.74±14.1
2014-10	TTFZH01	12.79±18.45	171.83±70.85	33.62±86.98	3.4±17.68	11.96±21.19
2014-11	TTFZH01	10.12±16.8	189.77±75.32	76.22±161.97	1.94±7.02	5.57±4.68
2014-12	TTFZH01	7.96±8.55	30.91±15.4	6.62±7.61	1.24±5.91	3.08±3.8
2015-01	TTFZH01	4.67±10.66	11.48±5.29	2.15±2.38	1.15±3.62	1.94±2.09
2015-02	TTFZH01	2.31±5.59	5.62±2.64	1.29±3.75	0.52±2.53	1.25±1.08
2015-03	TTFZH01	0.95±1.62	16.4±16.47	12.04±13	4.93±24.66	1.03±1.54
2015-04	TTFZH01	5.51±7.12	176.93±50.03	17.37±22.93	1.69±4.61	28.83±10.92
2015-05	TTFZH01	3.47±9.27	335.93±166.19	4.51±8.24	2.32±5.91	49.24±25.55

（续）

时间（年-月）	样地代码	每样地枯枝干重/kg	每样地枯叶干重/kg	每样地落果（花）干重/kg	每样地树皮干重/kg	每样地杂物干重/kg
2015 - 06	TTFZH01	1.72±2.69	114.28±51.84	56±101.38	8.38±25.06	25.59±20.91
2015 - 07	TTFZH01	199.47±111.9	170.55±43.04	177.28±183.44	60.28±175.82	47.37±22.1
2015 - 08	TTFZH01	7.46±18.97	84.63±28.47	10.11±16.62	4.08±14.28	27.75±26.93
2015 - 09	TTFZH01	5.12±8.14	95.43±29.41	13.33±29.43	3.7±12.14	16.46±16.06
2015 - 10	TTFZH01	5.04±12.39	124.18±41.74	9.76±31.94	0.41±1.36	6.33±7.6
2015 - 11	TTFZH01	18.46±25.93	181.78±73.86	72.07±134.76	0.89±2.59	4.41±4.34
2015 - 12	TTFZH01	4.37±8.08	46.56±26.3	4.77±12.14	0.28±0.79	2.1±2.11
2016 - 01	TTFZH01	6.21±8.09	21.1±8.27	1.84±3.58	0.16±0.63	2.66±3.49
2016 - 02	TTFZH01	10.54±14.94	41.23±18.05	0.63±1.29	0.29±1.26	2.61±1.26
2016 - 03	TTFZH01	3.39±3.35	36.89±14	13.45±9.92	0.24±0.96	2.46±1.43
2016 - 04	TTFZH01	2.16±3.94	100.84±38.38	16.3±41.77	0.29±1.53	16.57±9.31
2016 - 05	TTFZH01	5.92±12.96	184.49±88.31	0.84±1.45	3.98±12.61	27.54±14.87
2016 - 06	TTFZH01	22.2±55.52	235.59±123.19	16.23±26.15	7±23.06	34.13±15.16
2016 - 07	TTFZH01	4.92±6.08	116.08±57.48	46.4±55.94	0.67±1.88	31.22±16.43
2016 - 08	TTFZH01	8.33±20.48	109.82±48.63	25.28±45.15	1.41±4.63	27.55±18.85
2016 - 09	TTFZH01	17.08±24.65	106.28±33.54	5.5±10.2	2.54±7.65	15.64±11.57
2016 - 10	TTFZH01	62.14±112.75	116.84±43.63	8.54±34.18	0.66±1.65	16.25±11.73
2016 - 11	TTFZH01	18.5±25.16	220.25±97.5	2.62±2.83	2.45±12.36	10.74±5.39
2016 - 12	TTFZH01	2.3±4.44	77.32±40.57	2.57±4.81	1.01±4.73	3.31±2.72
2017 - 01	TTFZH01	5.65±17.02	13.63±11	1.75±1.58	0.04±0.16	3.09±3.77
2017 - 02	TTFZH01	43.9±80.19	11.02±10.73	2.65±2.3	0.09±0.3	4.08±2.06
2017 - 03	TTFZH01	9.5±27.54	15.52±7.47	7.92±8.74	0.05±0.24	4.25±5.75
2017 - 04	TTFZH01	0.61±2.18	117.29±45.39	18.64±16.56	0.2±0.8	12.89±10.5
2017 - 05	TTFZH01	2.29±6.59	294.36±104.03	14.68±32.56	0.96±4.91	157.46±85.2
2017 - 06	TTFZH01	2.79±7.22	113.05±50.67	4.74±8.93	0.17±0.87	36.77±17.53
2017 - 07	TTFZH01	13.21±22.24	133.71±48.81	6.05±17.71	0.75±2.64	42.16±21.92
2017 - 08	TTFZH01	3.55±4.31	72.61±36.52	1.95±3.55	2.19±8.8	19.52±14.33
2017 - 09	TTFZH01	10.46±13.11	114.33±43.99	2.31±3.99	2.73±8.51	14.84±9.38
2017 - 10	TTFZH01	57.73±95.98	131.48±46.9	3.1±3.47	2.24±4.47	23.34±15.65
2017 - 11	TTFZH01	25.14±34.19	223.39±89.26	0.95±1.75	3.3±15.93	6.45±2.94
2017 - 12	TTFZH01	11.14±15.37	29.11±11.38	2.96±9.05	0.33±1.55	2.52±1.36
2008 - 01	TTFFZ01	7.74±9.88	17.59±5.63	1.72±1.2	0.18±0.84	0.45±0.25
2008 - 02	TTFFZ01	8.46±10.93	7.56±3.32	1.13±0.83	0.02±0.07	0.75±0.41
2008 - 03	TTFFZ01	2.85±4.97	42.25±13.56	2.94±2.32	0.02±0.09	2.29±0.74
2008 - 04	TTFFZ01	2.99±5.28	111.26±26.48	17.36±18.63	0.02±0.07	8.37±2.69
2008 - 05	TTFFZ01	11.44±24.03	170.82±40.56	21.16±20.76	1.08±5.08	16.93±6
2008 - 06	TTFFZ01	17.06±23.88	41.33±9.76	45.32±29.18	1.11±5.08	13.3±6.67
2008 - 07	TTFFZ01	45.33±36.17	95.61±16.86	21.99±14.44	1.91±5.34	20.06±8.26

（续）

时间（年-月）	样地代码	每样地枯枝干重/kg	每样地枯叶干重/kg	每样地落果（花）干重/kg	每样地树皮干重/kg	每样地杂物干重/kg
2008-08	TTFFZ01	43.25±42.85	65.81±9.01	9.02±8.85	1.87±5.2	9.69±3.43
2008-09	TTFFZ01	28.56±48.15	66.27±9.73	6.21±8.44	0	6.26±5.08
2008-10	TTFFZ01	14.19±23.48	107.51±18.26	6.83±9.18	0	3.23±2.47
2008-11	TTFFZ01	9.16±25.95	173.5±43.6	2.9±6.64	0	0.13±0.42
2008-12	TTFFZ01	2.67±5.38	28.1±6.47	1.42±2.94	0.07±0.28	0.2±0.28
2009-01	TTFFZ01	44.84±77.18	19.62±4.56	1.38±2.05	0.46±1.41	0.15±0.25
2009-02	TTFFZ01	59.3±88.63	11.93±3.98	1.43±2.1	0.87±2.19	1.9±0.84
2009-03	TTFFZ01	15.23±11.78	35.14±10.21	0.69±1.21	0.48±1.8	6.61±1.67
2009-04	TTFFZ01	16.39±24.5	123.85±31.38	0.8±1.36	0	14.31±3.93
2009-05	TTFFZ01	23.42±22.77	158.81±39.67	0.81±1.88	0.17±0.73	10.33±2.48
2009-06	TTFFZ01	58.71±29.4	100.86±21.54	50.29±19.71	0.17±0.73	20.98±5.49
2009-07	TTFFZ01	41.78±21.43	46.32±10.4	36.35±66.05	0	7.59±2.39
2009-08	TTFFZ01	71.94±36.85	112.6±18.43	26.24±16.25	0	16.63±5.75
2009-09	TTFFZ01	30.48±22.64	84.35±12.64	12.94±13.92	0	6.81±3.63
2009-10	TTFFZ01	3.47±6.93	146.97±24.95	1.1±1.37	0	1.27±0.6
2009-11	TTFFZ01	2.22±5.43	188.42±35.39	0.99±1.54	0.01±0.06	1.73±0.78
2009-12	TTFFZ01	5.66±17.22	13.61±4.75	1.49±1.69	0.09±0.28	0.78±0.62
2010-01	TTFFZ01	23.13±25.52	14.99±4.87	3.59±2.44	0.08±0.28	1.14±1.03
2010-02	TTFFZ01	22.75±18.9	27.97±5.35	2.68±1.85	0	2.39±0.9
2010-03	TTFFZ01	4.7±4.44	34.32±6.73	0.55±0.95	0	1.57±0.48
2010-04	TTFFZ01	5.56±28.87	57.45±15.1	0.82±1.25	0.06±0.34	0
2010-05	TTFFZ01	8.45±19.59	131.89±34.09	4.93±2.49	0.06±0.34	8.53±3.15
2010-06	TTFFZ01	17.39±23.01	119.39±33.93	41.34±16.66	0±0	11.21±3.46
2010-07	TTFFZ01	12.37±16.82	54.85±11.96	15.27±11.87	1.67±8.7	13.59±7.15
2010-08	TTFFZ01	20.97±38.41	78.46±11.76	11.33±11.66	1.67±8.7	15.57±7.65
2010-09	TTFFZ01	2.09±4.75	92.45±7.29	0.71±1.11	0	7.97±2.09
2010-10	TTFFZ01	2.7±5.66	153.8±17.6	5.46±1.65	0	5.12±1.63
2010-11	TTFFZ01	1.83±4	203.3±28.73	7.01±2.26	0	3.43±1.28
2010-12	TTFFZ01	7.46±7.86	83.96±14.33	3.16±1.15	0	1.63±0.69
2011-01	TTFFZ01	48.32±54.16	8.74±2.55	1.14±0.37	0	0
2011-02	TTFFZ01	62.8±55.02	18.28±5.14	0.19±0.31	0	1.33±0.59
2011-03	TTFFZ01	19.85±44.04	58.18±9.09	3.54±2.12	0	7.63±1.47
2011-04	TTFFZ01	23.63±57.63	122.57±22.63	9.27±5.67	0	7.94±1.69
2011-05	TTFFZ01	20.82±19.92	171.81±46.05	8.34±5.33	0.56±1.65	8.41±2.09
2011-06	TTFFZ01	75.17±35.52	133.03±35.14	35.32±25.79	0.69±2.13	26.99±11.91
2011-07	TTFFZ01	50.18±39.87	94.13±18.5	11.61±6.8	0.28±0.87	19.58±6.99
2011-08	TTFFZ01	109.89±153.47	157.38±33.71	6.29±5.24	0.28±0.8	32.3±11.33
2011-09	TTFFZ01	54.66±154.91	120.89±23.14	2.53±3.47	0.02±0.06	8.82±3.56

（续）

时间（年-月）	样地代码	每样地枯枝干重/kg	每样地枯叶干重/kg	每样地落果（花）干重/kg	每样地树皮干重/kg	每样地杂物干重/kg
2011-10	TTFFZ01	5.48±13.21	197.56±33.47	4.69±7.39	0	3.81±1.56
2011-11	TTFFZ01	15.84±51.96	270.81±59.5	2.97±6.35	0.18±0.8	2.89±2.49
2011-12	TTFFZ01	2.71±4.89	77.44±17.56	1.19±1.36	0	1.18±0.85
2012-01	TTFFZ01	0.86±1.46	32.7±10.4	0.31±0.73	0	0.18±0.18
2012-02	TTFFZ01	5.99±7.69	5.72±4.03	1.05±0.42	0.14±0.41	0.8±0.47
2012-03	TTFFZ01	23.14±18.19	34.26±13.82	2.48±1.17	0.21±0.46	1.68±1.11
2012-04	TTFFZ01	27.18±24.46	101.76±32.54	3.24±2.99	0	5.35±2.27
2012-05	TTFFZ01	36.03±23.01	154.11±35.11	0.04±0.23	0	16.55±5.17
2012-06	TTFFZ01	13.66±17.94	91.6±24.48	43.4±19.27	0	15.05±5.11
2012-07	TTFFZ01	67.42±41.33	100.67±21.22	13.14±10.17	0	32.26±16.08
2012-08	TTFFZ01	144.18±52.13	410.15±94.89	0.08±0.39	2.05±6.49	43.41±17.63
2012-09	TTFFZ01	3.45±5.65	115.71±26.28	4.65±5.7	0.26±1.33	19.49±10.2
2012-10	TTFFZ01	1.74±4.41	219.69±41.18	3.37±7.89	0.03±0.1	11.63±5.12
2012-11	TTFFZ01	3.27±3.85	297.04±117.6	6.68±13.75	0	7.37±3.17
2012-12	TTFFZ01	3.34±3.47	57.12±12.94	0.75±0.38	0.03±0.11	2.97±1.41
2013-01	TTFFZ01	6.86±4.96	16.86±6.54	0.81±0.43	0.16±0.71	2.32±1.26
2013-02	TTFFZ01	2.06±2.39	10.61±5.94	0.29±0.34	0.35±1.21	0.86±0.62
2013-03	TTFFZ01	19.46±11.88	38.68±11.72	0.88±1.22	1.64±5.03	3.16±1.31
2013-04	TTFFZ01	32.25±27.59	169.07±33.54	0.48±0.58	0.94±4.6	14.57±4.26
2013-05	TTFFZ01	29.82±18.94	115.79±31	0.39±1.01	0.81±2.42	26.23±10.21
2013-06	TTFFZ01	26.31±11.02	89.18±22.06	74.43±41.48	1.29±5.36	17.88±7.74
2013-07	TTFFZ01	84.8±46.53	143.92±28.1	133.06±64.9	0.86±3.28	37.41±13.53
2013-08	TTFFZ01	12.49±8.85	120.9±30.38	26.98±17.52	2.55±5.11	8.46±3.41
2013-09	TTFFZ01	1.49±4.33	62.91±16.08	14.18±20.18	7.04±30.52	9.62±3.52
2013-10	TTFFZ01	8.86±6.93	217.27±34.8	12.99±6.16	6.34±23.34	6.12±3.2
2013-11	TTFFZ01	0.29±0.55	338.7±62.61	1.89±1.84	0.02±0.09	3.79±1.72
2013-12	TTFFZ01	0.68±1.82	90.78±19.48	1.58±1.57	0.1±0.29	1.69±0.72
2014-01	TTFFZ01	1.79±2.37	21.54±7.71	2.4±1.41	0.02±0.12	0.63±0.29
2014-02	TTFFZ01	1.96±2.34	9.14±5.4	1.9±2.41	0.16±0.57	0.64±0.33
2014-03	TTFFZ01	3.32±4.73	24.34±7.85	5.79±8.21	0.13±0.28	1.16±0.68
2014-04	TTFFZ01	5.66±4.61	111.79±24.65	26.73±22.37	0.36±1.3	12.21±3.65
2014-05	TTFFZ01	6.06±10.73	142.58±33.68	31.44±23.65	0.43±1.01	14.96±5.63
2014-06	TTFFZ01	5.51±12.98	69.86±17.81	6.88±8.69	1.09±5.48	11.06±5.76
2014-07	TTFFZ01	37.79±41.58	131.2±24.34	19.42±22.77	1.05±2.32	18.07±6.31
2014-08	TTFFZ01	7.17±28.33	83.01±17.9	3.6±4.95	2.16±8.41	13.38±7.28
2014-09	TTFFZ01	81.77±46.46	227.36±36.79	27.29±24.57	1.76±2.27	15.79±5.63
2014-10	TTFFZ01	2.86±3.51	319.59±116.33	11.29±22.16	0.54±2.53	6.43±4.72
2014-11	TTFFZ01	1.55±4.09	305.65±53.92	9.79±13.24	0.11±0.23	5.11±1.79

（续）

时间（年-月）	样地代码	每样地枯枝干重/kg	每样地枯叶干重/kg	每样地落果（花）干重/kg	每样地树皮干重/kg	每样地杂物干重/kg
2014-12	TTFFZ01	1.32±4.33	73.39±14.61	4.4±2.61	0.08±0.24	1.51±0.78
2015-01	TTFFZ01	1.15±2.33	13.09±7.46	1.51±1.91	0.11±0.27	0.4±0.5
2015-02	TTFFZ01	2.88±5.45	7.11±3.79	2.34±3.38	0.04±0.15	0.45±0.42
2015-03	TTFFZ01	0.81±1.62	15.94±6	3.08±3.07	0.01±0.04	0.76±0.72
2015-04	TTFFZ01	7±5.81	151.56±33.97	49.25±26.15	1.35±3.99	13.65±4.34
2015-05	TTFFZ01	1.74±4	122.88±34.33	30.04±18.47	0.51±1.66	29.91±6.06
2015-06	TTFFZ01	2.64±7.07	90.74±35.77	242.2±95.17	1.79±8.04	36.82±10.12
2015-07	TTFFZ01	102.11±37.14	334.84±54.86	412.79±109.34	4.56±7.03	54.59±22.7
2015-08	TTFFZ01	3.63±6.23	113.97±21.44	35.23±25.68	0.15±0.78	14.77±6.85
2015-09	TTFFZ01	2.82±5.02	130.04±24.16	15.96±23.02	0.01±0.08	11.34±4.74
2015-10	TTFFZ01	0.14±0.67	206.06±41.69	3.23±4.42	0.01±0.07	5.86±2.09
2015-11	TTFFZ01	1.67±2.84	233.52±43	1.58±3.61	0	4.09±1.42
2015-12	TTFFZ01	0.48±2.2	107.07±20.45	0.52±0.61	0.13±0.4	2.54±1.56
2016-01	TTFFZ01	1.66±2.26	23.34±11.04	1.42±1.85	0.04±0.15	1.5±0.94
2016-02	TTFFZ01	5.2±5.19	30.56±13.55	1.41±1.59	0.38±1.72	2.4±0.99
2016-03	TTFFZ01	2.95±4.66	34.32±12.02	2.09±4.27	0.46±1.59	1.63±0.8
2016-04	TTFFZ01	7.47±8.31	133.59±36.23	3.44±4.79	0.05±0.26	18.7±4.05
2016-05	TTFFZ01	5.81±10.03	86.81±23.96	6.56±5.25	0.64±3.35	12.68±3.64
2016-06	TTFFZ01	7.2±6.29	75.37±24.03	51.2±27.33	2.18±5.24	25.81±8.16
2016-07	TTFFZ01	2.42±3.64	62.71±14.32	43.9±26.45	0.1±0.3	16.59±8.53
2016-08	TTFFZ01	3.12±6.89	70.07±16.35	12.28±9.15	0.93±3.37	14.85±11.18
2016-09	TTFFZ01	9.65±10.68	142.19±35.53	8.88±6.23	0.31±0.88	9.73±3.61
2016-10	TTFFZ01	7.82±8.23	149.28±20.53	12.71±29.3	0.36±0.83	10.18±4.04
2016-11	TTFFZ01	4.09±6.04	298.63±47.8	8.96±14.14	0.04±0.19	8.94±2.12
2016-12	TTFFZ01	2.42±6.09	189.82±37.83	2.36±2.27	0	3.04±1.08
2017-01	TTFFZ01	4.7±8.31	18.61±7.87	4.9±1.93	0.15±0.51	2.12±0.98
2017-02	TTFFZ01	17±18.02	11.09±4.74	10.73±6.51	0.35±1.47	1.61±0.63
2017-03	TTFFZ01	0.65±1.66	18.6±7.49	4.92±5.01	0.01±0.03	1.99±2.12
2017-04	TTFFZ01	7.08±10.27	92.46±34.44	31.58±31.23	0.04±0.19	14.61±6.7
2017-05	TTFFZ01	2.06±3.25	196.91±42.47	54.19±49.26	0.24±0.97	31.63±12.4
2017-06	TTFFZ01	3.88±8.91	94.32±20.34	25.73±18.49	1.04±4.55	20.42±8.57
2017-07	TTFFZ01	8.47±7.02	138.08±24.68	34.26±23.07	0.39±1.31	20.52±10.69
2017-08	TTFFZ01	3.63±7.84	78.71±20.33	6.13±5.23	0.07±0.21	13.16±6.96
2017-09	TTFFZ01	16.8±16.25	144.08±23.57	7.93±7.42	0	12.63±10.11
2017-10	TTFFZ01	19.24±13.92	257.76±36.49	13.28±9.35	2.1±8.86	10.9±4.81
2017-11	TTFFZ01	6.53±9.45	337.67±75.88	4.09±4.02	0.36±0.67	4.4±1.66
2017-12	TTFFZ01	1.26±1.61	44.26±16.98	1.09±1.53	0.16±0.57	3.5±1.56

栲树林综合观测场（TTFZH01）和木荷林辅助观测场（TTFFZ01）的凋落物呈现出明显的季节动态，总体表现为年内出现两个明显的凋落高峰（5 月和 11 月）。特殊年份，如 2012 年和 2015 年，受自然气象条件的干扰（如干旱和台风），也存在明显的凋落高峰（图 3-3）。

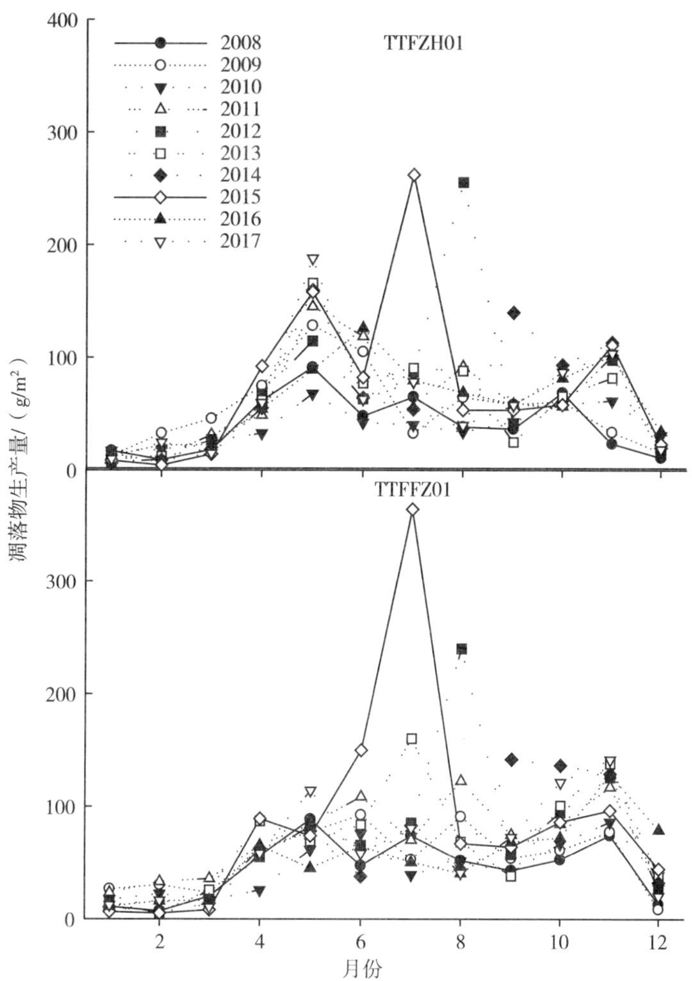

图 3-3　常绿阔叶林次生演替系列样地植物群落凋落物季节动态

TTFZH01. 栲树林综合观测场　TTFFZ01. 木荷林辅助观测场

常绿阔叶林次生演替系列样地植物群落植物凋落物年际动态见表 3-8。

表 3-8　常绿阔叶林次生演替系列样地植物群落植物凋落物年际动态（$n=27$）

年份	样地代码	每样地枯枝干重/kg	每样地枯叶干重/kg	每样地落果（花）干重/kg	每样地树皮干重/kg	每样地杂物干重/kg
2008	TTFZH01	186.7±33.01	843.97±21.84	88.17±21.83	2.62±1.64	102.07±6.7
2009	TTFZH01	267.12±48.21	1196.99±43.03	97.56±14.24	4.76±2.3	99.05±7.85
2010	TTFZH01	108±19.48	952.41±16.59	70.44±14.45	5.2±4.71	47.71±1.86
2011	TTFZH01	359.42±44.39	1248.41±47.02	107.71±29.13	20.43±7.93	151.41±9.05
2012	TTFZH01	444.5±33.08	1271.85±51.44	101.27±18.19	51.58±17.68	238.74±19.14
2013	TTFZH01	179.72±17.09	1299.03±46.02	99.86±14.74	45.02±26.06	175.32±15.67
2014	TTFZH01	212.68±25.44	1178.2±37.28	280.12±53.69	53.56±13.08	193.63±21.32

（续）

年份	样地代码	每样地枯枝干重/kg	每样地枯叶干重/kg	每样地落果（花）干重/kg	每样地树皮干重/kg	每样地杂物干重/kg
2015	TTFZH01	258.54±31.1	1363.76±57.48	380.66±60.04	88.65±37.02	212.31±19.33
2016	TTFZH01	163.68±26.57	1366.73±61.64	140.19±25.78	20.72±6.75	190.69±14.98
2017	TTFZH01	185.96±38.24	1269.49±46.77	67.7±11.56	13.04±3.87	327.37±22.71
2008	TTFFZ01	193.7±25.44	927.6±22.72	137.99±12.92	6.29±2.74	81.66±4.05
2009	TTFFZ01	373.43±37.63	1042.48±22.11	134.5±16.61	2.25±0.86	89.08±2.8
2010	TTFFZ01	129.39±16.3	1052.83±19.22	96.85±6.73	3.56±3.34	72.16±2.96
2011	TTFFZ01	489.34±67.06	1430.82±23.85	87.08±7.68	2±0.68	120.88±5.66
2012	TTFFZ01	330.26±14.92	1620.53±29.08	79.19±4.81	2.72±1.31	156.76±8.32
2013	TTFFZ01	225.37±15.42	1414.66±24.03	267.96±18.99	22.09±7.86	132.1±5.26
2014	TTFFZ01	156.76±15.36	1519.45±29.52	150.92±12.97	7.89±2.35	100.95±5.1
2015	TTFFZ01	127.06±7.72	1526.82±19.67	797.73±32.22	8.67±2.16	175.19±7.01
2016	TTFFZ01	59.82±5.46	1296.7±25.61	155.23±12.94	5.49±1.64	126.05±5.87
2017	TTFFZ01	91.29±7.49	1432.55±19.47	198.81±16.53	4.89±1.94	137.49±8.23

2008—2017 年，栲树林综合观测场（TTFZH01）和木荷林辅助观测场（TTFFZ01）的凋落物年总量变化范围是 473.50～921.57 g/m^2 和 583.90～1 054.19 g/m^2。总体而言，本站点森林演替中期的凋落物总量要高于森林演替后期，随着森林年龄的增加，凋落物总量呈现逐渐增加的趋势（图 3-4）。

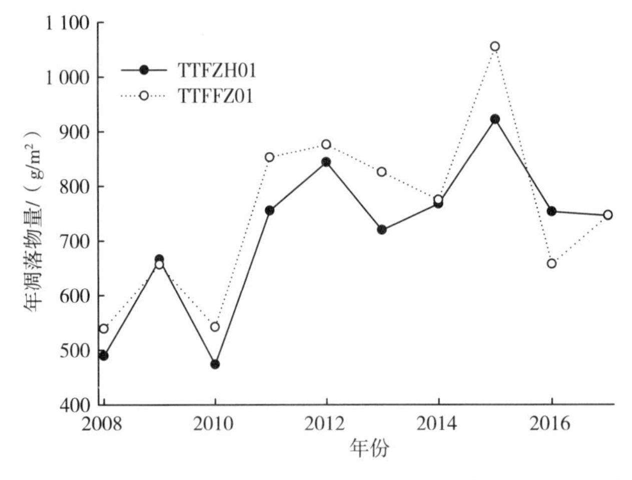

图 3-4　常绿阔叶林次生演替系列样地植物群落凋落物年际动态

3.1.8 植物名录数据集

3.1.8.1 概述

本数据集包括天童站 2008—2017 年常绿阔叶林次生演替系列样地［栲树林综合观测场（TTFZH01）、木荷林辅助观测场（TTFFZ01）、檵木-石栎次生常绿灌丛辅助观测场（TTFFZ03）］植物群落物种名录数据，包括观测层次、植物中文学名和拉丁名。样地的基本信息见 2.2.1。

3.1.8.2 数据采集和处理方法

根据乔木层、灌木层和草本层的调查数据，汇总整理形成物种名录。

3.1.8.3　数据质量控制和评估

中文学名、拉丁名参考 Flora of China。

3.1.8.4　数据使用方法和建议

由于中文广泛存在异名现象，建立以拉丁学名为基准的植物名录，是开展不同样地、不同区域森林比较研究的基础。

3.1.8.5　数据

常绿阔叶林次生演替系列样地植物名录见表 3－9。

表 3－9　常绿阔叶林次生演替系列样地植物名录

群落层次	植物种名	拉丁名
乔木层	白栎	*Quercus fabri*
乔木层	檫木	*Sassafras tzumu*
乔木层	枫香树	*Liquidambar formosana*
乔木层	港柯	*Lithocarpus harlandii*
乔木层	海桐山矾	*Symplocos heishanensis*
乔木层	虎皮楠	*Daphniphyllum oldhami*
乔木层	栲	*Castanopsis fargesii*
乔木层	柯	*Lithocarpus glaber*
乔木层	苦槠	*Castanopsis sclerophylla*
乔木层	马尾松	*Pinus massoniana*
乔木层	米槠	*Castanopsis carlesii*
乔木层	木荷	*Schima superba*
乔木层	杉木	*Cunninghamia lanceolata*
乔木层	细叶青冈	*Cyclobalanopsis gracilis*
乔木层	香桂	*Cinnamomum subavenium*
乔木层	樟	*Cinnamomum camphora*
乔木层	杨梅	*Myrica rubra*
亚乔木层	白栎	*Quercus fabri Hance*
亚乔木层	薄叶山矾	*Symplocos anomala*
亚乔木层	檫木	*Sassafras tzumu*
亚乔木层	赤楠	*Syzygium buxifolium*
亚乔木层	短梗冬青	*Ilex buergeri*
亚乔木层	格药柃	*Eurya muricata*
亚乔木层	光亮山矾	*Symplocos lucida*
亚乔木层	光叶石楠	*Photinia glabra*
亚乔木层	海桐山矾	*Symplocos heishanensis*
亚乔木层	红楠	*Machilus thunbergii*
亚乔木层	虎皮楠	*Daphniphyllum oldhami*
亚乔木层	檵木	*Loropetalum chinense*
亚乔木层	栲	*Castanopsis fargesii*
亚乔木层	柯	*Lithocarpus glaber*

（续）

群落层次	植物种名	拉丁名
亚乔木层	苦槠	*Castanopsis sclerophylla*
亚乔木层	榄绿粗叶木	*Lasianthus lancilimbus*
亚乔木层	老鼠矢	*Symplocos stellaris*
亚乔木层	罗浮柿	*Diospyros morrisiana*
亚乔木层	马尾松	*Pinus massoniana*
亚乔木层	马银花	*Rhododendron ovatum*
亚乔木层	毛花连蕊茶	*Camellia fraterna*
亚乔木层	米槠	*Castanopsis carlesii*
亚乔木层	木荷	*Schima superba*
亚乔木层	南酸枣	*Choerospondias axillaris*
亚乔木层	披针叶山矾	*Symplocos lancifolia*
亚乔木层	赛山梅	*Styrax confusus*
亚乔木层	山矾	*Symplocos sumuntia*
亚乔木层	山合欢	*Albizia kalkora*
亚乔木层	山鸡椒	*Litsea cubeba*
亚乔木层	杉木	*Cunninghamia lanceolata*
亚乔木层	石楠	*Photinia serrulata* Lindl.
亚乔木层	薯豆	*Elaeocarpus chinensis*
亚乔木层	栓叶安息香	*Styrax suberifolius*
亚乔木层	乌饭	*Vaccinium bracteatum*
亚乔木层	细齿叶柃	*Eurya nitida*
亚乔木层	细叶青冈	*Cyclobalanopsis gracilis*
亚乔木层	香桂	*Cinnamomum subavenium*
亚乔木层	细枝柃	*Eurya loquaiana*
亚乔木层	樟	*Cinnamomum camphora*
亚乔木层	小果山龙眼	*Helicia cochinchinensis*
亚乔木层	小叶青冈	*Cyclobalanopsis myrsinifolia*
亚乔木层	杨梅	*Myrica rubra*
亚乔木层	杨桐	*Cleyera japonica*
亚乔木层	窄基红褐柃	*Eurya rubiginosa* var. *attenuata*
亚乔木层	浙江新木姜子	*Neolitsea aurata* var. *chekiangensis*
灌木层	白蜡树	*Fraxinus chinensis*
灌木层	白檀	*Symplocos paniculata*
灌木层	薄叶山矾	*Symplocos anomala*
灌木层	笔罗子	*Meliosma rigida*
灌木层	檫木	*Sassafras tzumu*
灌木层	赤楠	*Syzygium buxifolium*
灌木层	赤皮青冈	*Cyclobalanopsis gilva*

（续）

群落层次	植物种名	拉丁名
灌木层	大叶冬青	*Ilex latifolia*
灌木层	短梗冬青	*Ilex buergeri*
灌木层	格药柃	*Eurya muricata*
灌木层	狗骨柴	*Diplospora dubia*
灌木层	光亮山矾	*Symplocos lucida*
灌木层	光叶石楠	*Photinia glabra*
灌木层	褐叶青冈	*Cyclobalanopsis stewardiana*
灌木层	海桐山矾	*Symplocos heishanensis*
灌木层	红楠	*Machilus thunbergii*
灌木层	虎皮楠	*Daphniphyllum oldhami*
灌木层	华东木犀	*Osmanthus cooperi*
灌木层	黄丹木姜子	*Litsea elongata*
灌木层	黄牛奶树	*Symplocos cochinchinensis* var. *laurina*
灌木层	檵木	*Loropetalum chinense*
灌木层	栲	*Castanopsis fargesii*
灌木层	柯	*Lithocarpus glaber*
灌木层	苦槠	*Castanopsis sclerophylla*
灌木层	榄绿粗叶木	*Lasianthus lancilimbus*
灌木层	老鼠矢	*Symplocos stellaris*
灌木层	雷公鹅耳枥	*Carpinus viminea*
灌木层	柃木	*Eurya japonica*
灌木层	罗浮柿	*Diospyros morrisiana*
灌木层	麻栎	*Quercus acutissima*
灌木层	马银花	*Rhododendron ovatum*
灌木层	毛花连蕊茶	*Camellia fraterna*
灌木层	江南越橘	*Vaccinium mandarinorum*
灌木层	米槠	*Castanopsis carlesii*
灌木层	木荷	*Schima superba*
灌木层	南酸枣	*Choerospondias axillaris*
灌木层	拟赤杨	*Alniphyllum fortunei*
灌木层	披针叶山矾	*Symplocos lancifolia*
灌木层	青冈	*Cyclobalanopsis glauca*
灌木层	赛山梅	*Styrax confusus*
灌木层	山矾	*Symplocos sumuntia*
灌木层	山合欢	*Albizia kalkora*
灌木层	山鸡椒	*Litsea cubeba*
灌木层	杉木	*Cunninghamia lanceolata*
灌木层	薯豆	*Elaeocarpus chinensis*

（续）

群落层次	植物种名	拉丁名
灌木层	铁冬青	*Ilex rotunda*
灌木层	乌饭	*Vaccinium bracteatum*
灌木层	细齿叶柃	*Eurya nitida*
灌木层	细叶青冈	*Cyclobalanopsis gracilis*
灌木层	香桂	*Cinnamomum subavenium*
灌木层	细枝柃	*Eurya loquaiana*
灌木层	小果山龙眼	*Helicia cochinchinensis*
灌木层	小叶青冈	*Cyclobalanopsis myrsinifolia*
灌木层	杨梅	*Myrica rubra*
灌木层	杨桐	*Cleyera japonica*
灌木层	野茉莉	*Styrax japonicus*
灌木层	野漆树	*Toxicodendron succedaneum*
灌木层	宜昌荚蒾	*Viburnum erosum*
灌木层	窄基红褐柃	*Eurya rubiginosa* var. *attenuata*
灌木层	浙江大青	*Clerodendrum kaichianum*
灌木层	浙江新木姜子	*Neolitsea aurata* var. *chekiangensis*
灌木层	栀子	*Gardenia jasminoides*
灌木层	皱柄冬青	*Ilex kengii*
草本层	暗色菝葜	*Smilax lanceifolia* var. *opaca*
草本层	菝葜	*Smilax china*
草本层	豹皮樟	*Litsea coreana* var. *sinensis*
草本层	草珊瑚	*Sarcandra glabr*
草本层	赤楠	*Syzygium buxifolium*
草本层	淡竹叶	*Lophatherum gracile*
草本层	狗脊	*Woodwardia japonica*
草本层	黑足鳞毛蕨	*Dryopteris fuscipes*
草本层	红凉伞	*Ardisia crenata*
草本层	红楠	*Machilus thunbergii*
草本层	虎皮楠	*Daphniphyllum oldhami*
草本层	栲	*Castanopsis fargesii*
草本层	柯	*Lithocarpus glaber*
草本层	苦槠	*Castanopsis sclerophylla*
草本层	老鼠矢	*Symplocos stellaris*
草本层	里白	*Diplopterygium glaucum*
草本层	鳞毛蕨	*Dryopteris* sp.
草本层	芒萁	*Dicranopteris pedata*
草本层	毛花连蕊茶	*Camellia fraterna*
草本层	米槠	*Castanopsis carlesii*

（续）

群落层次	植物种名	拉丁名
草本层	木荷	*Schima superba*
草本层	青冈	*Cyclobalanopsis glauca*
草本层	赛山梅	*Styrax confusus*
草本层	山矾	*Symplocos sumuntia*
草本层	山鸡椒	*Litsea cubeba*
草本层	杉木	*Cunninghamia lanceolata*
草本层	石斑木	*Rhaphiolepis indica*
草本层	五节芒	*Miscanthus floridulus*
草本层	香港黄檀	*Dalbergia millettii*
草本层	小果山龙眼	*Helicia cochinchinensis*
草本层	羊角藤	*Morinda umbellata* subsp. *obovata*
草本层	窄基红褐柃	*Eurya rubiginosa* var. *attenuata*
草本层	浙江苔草	*Carex zhejiangensis*

3.2 土壤联网长期观测数据集

3.2.1 土壤交换量数据集

3.2.1.1 概述

本数据集包括天童站 2013—2017 年常绿阔叶林次生演替系列样地［栲树林综合观测场（TTFZH01）、木荷林辅助观测场（TTFFZ01）、檵木-石栎次生常绿灌丛辅助观测场（TTFFZ03）］交换量数据（阳离子交换量、交换性钙、交换性镁、交换性钾、交换性钠、交换性氢、交换性铝、交换性酸）。观测频率为 5 年 1 次，观测深度为腐殖质层、0～10 cm、＞10～20 cm、＞20～40 cm、＞40～60 cm、＞60～100 cm。样地的基本信息见 2.2.1。

3.2.1.2 数据采集和处理方法

（1）土壤采集与处理

采集森林土壤样品时，我们采用混合土样的采集方法。根据采样样方，在样方内采用 S 形、W 形布点法或者随机布点法进行采样，根据本样地的土壤类型确定采样点的个数为 10 个。同时采取多深度的剖面采样，使样品更具有森林土壤代表性，采样深度依次为腐殖质层、0～10 cm、＞10～20 cm、＞20～40 cm、＞40～60 cm、＞60～100 cm。采样工具为内径 5 cm、深 20 cm 且沿管标有 0 cm、20 cm、40 cm、60 cm、80 cm、100 cm 刻度的锐口直筒式管形土钻。按层次采集土壤样品时，取各层的典型中部，避免上下部土壤混杂。而后混合采集样品，将样地中 10 个采样点的每个采样层次中采集到的小土体均匀混合后作为该样地某土层的土壤样品。若采样量过多，均匀混合土壤样品后，用四分法去除部分土壤，保证每个土壤样品的重量在 500 g 左右（土壤腐殖质层样品 200 g 左右）。置于塑料自封袋中，注明采样地点、采集深度、采样日期。

将野外取回的土壤样品风干、研磨、过筛、混匀、装瓶，以备各项测定使用。首先将土壤样品置于 30 cm ×20 cm 的塑料土壤盘中平铺，在避光的室内进行自然通风干燥。然后，将风干的土壤样品即原样土，在研磨过程中去除植物残根、侵入体、新生体、石子。研磨土壤样品全部需通过2 mm筛孔（10 目）。供化学分析用的土壤样品，因分析项目的特殊要求，将全部过 2 mm 筛的土壤样品根据四分法取一部分，全部通过 0.15 mm 筛。研磨时选用的工具为玻璃研钵，用尼龙网筛过筛。

过筛后的土壤样品用带有内盖的聚乙烯塑料瓶保存，加入干燥剂。样品瓶上标签注明样号、采样地点、样地编号、采样深度、采样日期、筛孔数。将新鲜土壤样品放置于塑料自封袋中，在 4 ℃的环境中运输保存，并在 3 日内分析完毕，或在−20 ℃（深度冷冻）条件下保存。

（2）分析手段

土壤交换量的分析手段见表 3－10。

表 3－10 土壤交换量的分析手段

序号	土壤指标	分析方法	使用仪器
1	交换性钙	乙酸铵交换-原子吸收分光光度法	普析 986S 原子吸收分光光度计
2	交换性镁	乙酸铵交换-原子吸收分光光度法	普析 987S 原子吸收分光光度计
3	交换性钾	乙酸铵交换-原子吸收分光光度法	普析 988S 原子吸收分光光度计
4	交换性钠	乙酸铵交换-原子吸收分光光度法	普析 989S 原子吸收分光光度计
5	交换性铝	KCl 交换-中和滴定法	Brand 微量全自动滴定仪
6	交换性氢	KCl 交换-中和滴定法	Brand 微量全自动滴定仪
7	交换性酸总量	KCl 交换-中和滴定法	Brand 微量全自动滴定仪
8	交换性盐基	乙酸铵交换-中和滴定法	高温电炉、瓷蒸发皿
9	阳离子交换量	蒸馏法	布奇 K360 定氮仪

3.2.1.3 数据质量控制和评估

（1）样品采集过程质量控制

土壤样品获取过程中，选用标准采样工具和采样方法，在样方内使采样点均匀分布，为使样品具有代表性，每个混合样品包含 10 个采样点。为最准确反映土壤指标性质，采样时间选为一年中的 7～8 月。采样后根据标准进行土壤前处理，避光风干，密封保存。对样品进行编号，详细记录样品的各类信息。

（2）样品分析质量控制

选用国际分析或国家标准方法，对尚未定制统一标准的样品，选择经典方法，并经过加标准物质回收实验，证实在本实验室条件下已经达到分析标准后使用。测定分析过程中，插入国家标准样品 GBW07407（GSS－7）砖红壤土壤标准物质进行质量控制，插入实验室控制样品检查仪器系统并校正控制状态。

（3）数据质量控制

对数据结果进行统一规范处理，检查数据结果精密度，对有效数字进行修订。检验数据结果，同各项辅助信息数据以及历史数据信息进行比较，检查数据的范围和逻辑，评价数据的完整性、一致性、有效性。经过数据管理人员审核认定后批准上报。

3.2.1.4 数据使用方法和建议

土壤交换性能对植物营养和施肥有重大的意义，能够调节土壤溶液的浓度，保证土壤溶液成分的多样性，同时还可以保持各种养分使其免于淋失，在土壤的相关研究中成为评估土壤养分和对地上植物生长的重要指标。本数据集时间跨度为 5 年，研究时间较长，但收集数据的频度不够，能够反映出总体土壤交换性能状态和较长时间的变化，但缺乏季节性动态和年际变化的信息。建议结合其他辅助的季节变化数据使用。

3.2.1.5 数据

剖面土壤交换量数据见表 3－11、表 3－12 和表 3－13。

表3-11　剖面土壤交换量（交换性钙、交换性镁、交换性钾和交换性钠）

时间（年-月）	样地代码	观测层次/cm	交换性钙/（mmol/kg，$1/2Ca^{2+}$）			交换性镁/（mmol/kg，$1/2\ Mg^{2+}$）			交换性钾/（mmol/kg，K^{+}）			交换性钠/（mmol/kg，Na^{+}）		
			平均值	重复数	标准差	平均值	重复数	标准差	平均值	重复数	标准差	平均值	重复数	标准差
2013-08	TTFFZ01	腐殖质	11.06	3	0.00	99.66	3	0.03	4.25	3	2.66	4.22	3	1.42
2013-08	TTFFZ01	0～10	2.16	3	0.00	32.41	3	0.01	1.43	3	1.45	4.56	3	0.93
2013-08	TTFFZ01	>10～20	5.22	3	0.00	29.99	3	0.00	1.46	3	0.66	3.75	3	0.93
2013-08	TTFFZ01	>20～40	4.35	3	0.00	25.10	3	0.00	1.67	3	0.53	3.53	3	1.43
2013-08	TTFFZ01	>40～60	2.12	3	0.00	18.10	3	0.00	1.22	3	1.28	3.98	3	2.98
2013-08	TTFFZ01	>60～100	3.26	3	0.00	24.86	3	0.00	1.19	3	0.98	3.47	3	0.93
2013-08	TTFFZ03	腐殖质	7.26	3	0.00	66.75	3	0.01	2.53	3	0.20	4.39	3	3.52
2013-08	TTFFZ03	0～10	2.16	3	0.00	23.51	3	0.00	0.84	3	1.25	4.87	3	1.92
2013-08	TTFFZ03	>10～20	3.18	3	0.00	15.88	3	0.00	0.63	3	0.48	4.56	3	2.44
2013-08	TTFFZ03	>20～40	18.19	3	0.00	43.85	3	0.00	0.41	3	0.99	4.94	3	2.98
2013-08	TTFFZ03	>40～60	3.15	3	0.00	14.16	3	0.01	0.61	3	0.10	4.43	3	5.57
2013-08	TTFFZ03	>60～100	1.18	3	0.00	10.04	3	0.00	0.74	3	1.01	4.51	3	1.92
2013-08	TTFZH01	腐殖质	7.13	3	0.00	68.85	3	0.00	2.60	3	0.66	6.21	3	7.91
2013-08	TTFZH01	0～10	1.17	3	0.00	26.77	3	0.00	1.46	3	0.93	5.57	3	4.04
2013-08	TTFZH01	>10～20	1.87	3	0.00	22.71	3	0.00	1.17	3	0.51	6.59	3	6.33
2013-08	TTFZH01	>20～40	1.30	3	0.00	19.05	3	0.00	1.06	3	0.92	5.27	3	2.34
2013-08	TTFZH01	>40～60	2.37	3	0.00	18.61	3	0.00	1.17	3	0.96	5.59	3	2.34
2013-08	TTFZH01	>60～100	3.99	3	0.00	29.56	3	0.00	1.36	3	0.12	5.98	3	7.50
2017-08	TTFFZ01	腐殖质	11.26	3	0.00	96.02	3	0.02	4.11	3	1.73	5.59	3	2.34
2017-08	TTFFZ01	0～10	2.18	3	0.00	34.88	3	0.01	1.89	3	0.88	5.64	3	3.00
2017-08	TTFFZ01	>10～20	1.82	3	0.00	22.54	3	0.01	1.01	3	1.87	5.62	3	1.93

（续）

时间（年-月）	样地代码	观测层次/cm	交换性钙/（mmol/kg，1/2Ca^{2+}）			交换性镁/（mmol/kg，1/2 Mg^{2+}）			交换性钾/（mmol/kg，K^{+}）			交换性钠/（mmol/kg，Na^{+}）		
			平均值	重复数	标准差	平均值	重复数	标准差	平均值	重复数	标准差	平均值	重复数	标准差
2017-08	TTFFZ01	>20～40	2.32	3	0.00	20.23	3	0.01	1.25	3	1.51	6.15	3	2.97
2017-08	TTFFZ01	>40～60	1.80	3	0.00	22.71	3	0.00	1.76	3	0.40	6.12	3	2.31
2017-08	TTFFZ01	>60～100	1.32	3	0.00	26.61	3	0.00	1.48	3	2.51	8.16	3	3.76
2017-08	TTFFZ03	腐殖质	9.90	3	0.00	87.28	3	0.02	3.40	3	4.32	6.68	3	5.58
2017-08	TTFFZ03	0～10	0.63	3	0.00	17.61	3	0.00	0.95	3	1.26	5.81	3	2.44
2017-08	TTFFZ03	>10～20	1.99	3	0.00	19.89	3	0.00	0.95	3	0.36	5.62	3	4.18
2017-08	TTFFZ03	>20～40	1.90	3	0.00	13.12	3	0.00	0.93	3	0.41	5.93	3	2.78
2017-08	TTFFZ03	>40～60	7.29	3	0.00	12.91	3	0.00	0.85	3	0.23	6.00	3	6.17
2017-08	TTFFZ03	>60～100	4.23	3	0.00	10.85	3	0.00	0.76	3	0.38	5.70	3	1.40
2017-08	TTFZH01	腐殖质	7.64	3	0.00	73.67	3	0.01	3.86	3	3.59	6.60	3	6.84
2017-08	TTFZH01	0～10	3.65	3	0.00	27.66	3	0.01	1.39	3	0.85	6.17	3	5.63
2017-08	TTFZH01	>10～20	0.74	3	0.00	18.45	3	0.00	1.18	3	0.70	7.84	3	9.29
2017-08	TTFZH01	>20～40	1.35	3	0.00	17.75	3	0.00	1.12	3	0.56	7.85	3	5.11
2017-08	TTFZH01	>40～60	1.48	3	0.00	16.49	3	0.00	1.20	3	1.39	6.97	3	5.98
2017-08	TTFZH01	>60～100	1.77	3	0.00	22.24	3	0.01	1.35	3	0.86	8.59	3	4.25

表3-12 剖面土壤交换量（交换性铝、交换性氢和交换性总酸量）

时间（年-月）	样地代码	观测层次/cm	交换性铝/（mmol/kg，1/3Al³⁺）			交换性氢/（mmol/kg，H⁺）			交换性总酸量/（mmol/kg，+）		
			平均值	重复数	标准差	平均值	重复数	标准差	平均值	重复数	标准差
2013-08	TTFFZ01	腐殖质	46.34	3	0.19	40.33	3	0.05	86.67	3	0.14
2013-08	TTFFZ01	0～10	34.74	3	0.15	28.47	3	0.09	63.21	3	0.06
2013-08	TTFFZ01	>10～20	41.50	3	0.05	20.54	3	0.08	62.04	3	0.13
2013-08	TTFFZ01	>20～40	35.57	3	0.07	5.26	3	0.07	40.83	3	0.07
2013-08	TTFFZ01	>40～60	36.82	3	0.13	1.25	3	0.03	38.08	3	0.11
2013-08	TTFFZ01	>60～100	17.70	3	0.04	6.43	3	0.05	24.13	3	0.08
2013-08	TTFFZ03	腐殖质	43.17	3	0.08	46.76	3	0.05	89.93	3	0.13
2013-08	TTFFZ03	0～10	61.21	3	0.06	25.80	3	0.03	87.01	3	0.06
2013-08	TTFFZ03	>10～20	41.67	3	0.05	15.45	3	0.04	57.11	3	0.07
2013-08	TTFFZ03	>20～40	37.83	3	0.22	8.93	3	0.08	46.76	3	0.15
2013-08	TTFFZ03	>40～60	28.31	3	0.03	10.94	3	0.04	39.25	3	0.06
2013-08	TTFFZ03	>60～100	31.90	3	0.08	8.85	3	0.04	40.75	3	0.10
2013-08	TTFZH01	腐殖质	59.37	3	0.11	71.73	3	0.08	131.10	3	0.04
2013-08	TTFZH01	0～10	66.88	3	0.04	40.33	3	0.09	107.21	3	0.07
2013-08	TTFZH01	>10～20	70.14	3	0.05	21.54	3	0.03	91.68	3	0.07
2013-08	TTFZH01	>20～40	44.76	3	0.06	11.52	3	0.07	56.28	3	0.09
2013-08	TTFZH01	>40～60	50.27	3	0.01	11.19	3	0.06	61.46	3	0.05
2013-08	TTFZH01	>60～100	51.19	3	0.08	9.02	3	0.05	60.20	3	0.10
2017-08	TTFFZ01	腐殖质	56.53	3	0.09	45.26	3	0.08	101.79	3	0.06
2017-08	TTFFZ01	0～10	72.98	3	0.14	21.63	3	0.08	94.61	3	0.08
2017-08	TTFFZ01	>10～20	63.13	3	0.14	16.45	3	0.01	79.58	3	0.14
2017-08	TTFFZ01	>20～40	52.35	3	0.00	11.94	3	0.05	64.30	3	0.05
2017-08	TTFFZ01	>40～60	115.56	3	0.11	9.10	3	0.08	124.67	3	0.08
2017-08	TTFFZ01	>60～100	38.41	3	0.07	6.93	3	0.05	45.34	3	0.03
2017-08	TTFFZ03	腐殖质	65.46	3	0.03	41.58	3	0.10	107.05	3	0.10
2017-08	TTFFZ03	0～10	53.19	3	0.15	12.86	3	0.08	66.05	3	0.10
2017-08	TTFFZ03	>10～20	61.96	3	0.20	16.45	3	0.04	78.41	3	0.16
2017-08	TTFFZ03	>20～40	46.01	3	0.09	8.02	3	0.08	54.02	3	0.11
2017-08	TTFFZ03	>40～60	40.33	3	0.10	6.26	3	0.03	46.59	3	0.08

（续）

时间（年-月）	样地代码	观测层次/cm	交换性铝/（mmol/kg，1/3Al^{3+}）			交换性氢/（mmol/kg，H^{+}）			交换性总酸量/（mmol/kg，+）		
			平均值	重复数	标准差	平均值	重复数	标准差	平均值	重复数	标准差
2017-08	TTFFZ03	>60～100	38.24	3	0.05	5.18	3	0.03	43.42	3	0.05
2017-08	TTFZH01	腐殖质	74.48	3	0.09	45.09	3	0.11	119.57	3	0.06
2017-08	TTFZH01	0～10	77.49	3	0.10	18.79	3	0.05	96.28	3	0.05
2017-08	TTFZH01	>10～20	72.39	3	0.11	13.61	3	0.08	86.01	3	0.04
2017-08	TTFZH01	>20～40	64.71	3	0.23	9.44	3	0.04	74.15	3	0.19
2017-08	TTFZH01	>40～60	55.36	3	0.07	8.85	3	0.04	64.21	3	0.06
2017-08	TTFZH01	>60～100	55.36	3	0.11	7.26	3	0.04	62.63	3	0.11

表 3-13 剖面土壤交换量（阳离子交换量和交换性盐基总量）

时间（年-月）	样地代码	观测层次/cm	阳离子交换量/（mmol/kg，+）			交换性盐基总量/（mmol/kg）		
			平均值	重复数	标准差	平均值	重复数	标准差
2007-08	TTFZH01	0～10	—	—	—	49.48	1	—
2007-08	TTFZH01	>10～20	—	—	—	41.24	1	—
2007-08	TTFZH01	>20～40	—	—	—	40.52	1	—
2007-08	TTFZH01	>40～60	—	—	—	37.37	1	—
2007-08	TTFFZ01	0～10	—	—	—	47.39	1	—
2007-08	TTFFZ01	>10～20	—	—	—	46.38	1	—
2007-08	TTFFZ01	>20～40	—	—	—	40.20	1	—
2007-08	TTFFZ01	>40～60	—	—	—	31.14	1	—
2007-08	TTFFZ03	0～10	—	—	—	36.85	1	—
2007-08	TTFFZ03	>10～20	—	—	—	30.77	1	—
2007-08	TTFFZ03	>20～40	—	—	—	35.73	1	—
2007-08	TTFFZ03	>40～60	—	—	—	30.49	1	—
2013-08	TTFFZ01	腐殖质	293.8	3	0.0	—	—	—
2013-08	TTFFZ01	0～10	214.0	3	0.1	—	—	—
2013-08	TTFFZ01	>10～20	196.6	3	0.2	—	—	—
2013-08	TTFFZ01	>20～40	188.2	3	0.3	—	—	—
2013-08	TTFFZ01	>40～60	220.9	3	0.4	—	—	—
2013-08	TTFFZ01	>60～100	219.0	3	0.2	—	—	—

（续）

时间（年-月）	样地代码	观测层次/cm	阳离子交换量/（mmol/kg，+）			交换性盐基总量/（mmol/kg）		
			平均值	重复数	标准差	平均值	重复数	标准差
2013-08	TTFFZ03	腐殖质	324.9	3	0.3	—	—	—
2013-08	TTFFZ03	0~10	203.7	3	0.1	—	—	—
2013-08	TTFFZ03	>10~20	146.6	3	0.1	—	—	—
2013-08	TTFFZ03	>20~40	125.6	3	0.1	—	—	—
2013-08	TTFFZ03	>40~60	137.8	3	0.2	—	—	—
2013-08	TTFFZ03	>60~100	175.5	3	0.1	—	—	—
2013-08	TTFZH01	腐殖质	313.3	3	0.4			
2013-08	TTFZH01	0~10	227.5	3	0.2			
2013-08	TTFZH01	>10~20	206.3	3	0.1			
2013-08	TTFZH01	>20~40	177.5	3	0.1			
2013-08	TTFZH01	>40~60	175.1	3	0.2			
2013-08	TTFZH01	>60~100	224.6	3	0.2			
2017-08	TTFFZ01	腐殖质	304.41	3	0.06			
2017-08	TTFFZ01	0~10	196.61	3	0.15			
2017-08	TTFFZ01	>10~20	173.95	3	0.25			
2017-08	TTFFZ01	>20~40	170.07	3	0.24			
2017-08	TTFFZ01	>40~60	166.87	3	0.11			
2017-08	TTFFZ01	>60~100	193.26	3	0.31			
2017-08	TTFFZ03	腐殖质	351.31	3	0.33			
2017-08	TTFFZ03	0~10	149.35	3	0.27			
2017-08	TTFFZ03	>10~20	147.02	3	0.25			
2017-08	TTFFZ03	>20~40	143.86	3	0.20			
2017-08	TTFFZ03	>40~60	102.16	3	0.19			
2017-08	TTFFZ03	>60~100	149.67	3	0.11			
2017-08	TTFZH01	腐殖质	350.96	3	0.13			
2017-08	TTFZH01	0~10	178.78	3	0.21			
2017-08	TTFZH01	>10~20	197.71	3	0.13			
2017-08	TTFZH01	>20~40	172.79	3	0.12			
2017-08	TTFZH01	>40~60	175.34	3	0.12			
2017-08	TTFZH01	>60~100	206.66	3	0.24			

3.2.2 土壤养分数据集

3.2.2.1 概述

本数据集包括天童站2007—2017年常绿阔叶林次生演替系列样地［栲树林综合观测场（TTFZH01）、木荷林辅助观测场（TTFFZ01）、马尾松辅助观测场（TTFFZ02）和檵木-石栎次生常绿灌丛辅助观测场（TTFFZ03）］土壤全量养分（有机质、全氮、全磷、全钾）和速效养分（有效磷、速效钾、缓效钾）以及土壤pH数据。观测的频率为5年1次，观测深度为腐殖质层、0～10 cm、＞10～20 cm、＞20～40 cm、＞40～60 cm、＞60～100 cm。样地的基本信息见2.2.1。

3.2.2.2 数据采集和处理方法

（1）采样方法

参见3.2.1。某些土壤指标如铵态氮、硝态氮在风干过程中会发生很大变化，一般采用新鲜土壤进行测定。将采集的新鲜土样去除根系、石头和杂质，再在潮湿状态下过2 mm的尼龙网筛。

（2）分析手段

土壤养分指标的分析手段见表3-14。

表3-14 土壤养分指标的分析手段

序号	土壤指标	分析方法	使用仪器
1	土壤有机质	燃烧氧化法测定土壤中有机碳含量	Elementar varioTOC
2	全氮	浓硫酸消煮-水杨酸钠分光光度法	SmartChem200全自动间断分析仪
3	全磷	浓硫酸消煮-钼锑抗分光光度法	SmartChem200全自动间断分析仪
4	全钾	盐酸-硝酸-氢氟酸-高氯酸消煮-ICP-OES法	电感耦合等离子体发射光谱仪iCAP6300
5	硝态氮	氯化钾浸提-硫酸肼还原分光光度法	SmartChem200全自动间断分析仪
6	铵态氮	氯化钾浸提-水杨酸钠分光光度法	SmartChem200全自动间断分析仪
7	有效磷	碳酸氢钠浸提-钼锑抗比色法	Dynamica DB-20R紫外分光光度计
8	速效钾	乙酸铵交换-原子吸收分光光度法	普析988S原子吸收分光光度计
9	缓效钾	盐酸浸提-原子吸收分光光度法	普析989S原子吸收分光光度计
10	pH	电位法	梅特勒-托利多pH计（FE20）

3.2.2.3 数据质量控制和评估

数据质量控制和评估包括：①样品采集过程的质量控制；②样品分析的质量控制；③数据质量控制。具体见3.2.1。

3.2.2.4 数据使用方法和建议

土壤有机质是土壤中各种营养元素的重要来源，还能形成土壤结构和改善土壤物理性状。而土壤中的总氮、总磷、总钾则是反映土壤肥力的重要指标。土壤中硝态氮、铵态氮能够显示土壤的通气程度，土壤有效磷是土壤有效养分中最敏感的指标，和土壤速效钾一样都能够直接影响植物的生长。在土壤的相关研究中，土壤全量养分指标数据属于基础数据，反映研究区域的土壤基本性质，为开展各类自然科学研究提供重要的研究背景和意义。所以本数据集能为在天童区域开展的森林土壤的相关研究提供重要的数据背景。

3.2.2.5 数据

剖面土壤全量养分、速效养分、pH等数据见表3-15和表3-16。

表 3-15 剖面土壤全量养分（有机质、全氮、全磷和全钾）

时间（年-月）	样地代码	观测层次/cm	有机质/（g/kg）			全氮/（g/kg）			全磷/（g/kg）			全钾/（g/kg）		
			平均值	重复数	标准差	平均值	重复数	标准差	平均值	重复数	标准差	平均值	重复数	标准差
2007-08	TTFZH01	腐殖质	128.7	1	—	6.66	1	—	0.330	1	—	37.7	1	—
2007-08	TTFZH01	0～10	46.6	1	—	2.32	1	—	0.070	1	—	30.3	1	—
2007-08	TTFZH01	>10～20	24.2	1	—	2.27	1	—	0.230	1	—	33.1	1	—
2007-08	TTFZH01	>20～40	38.7	1	—	1.52	1	—	0.060	1	—	31.7	1	—
2007-08	TTFZH01	>40～60	20.1	1	—	1.34	1	—	0.150	1	—	32.0	1	—
2007-08	TTFFZ01	腐殖质	105.11	1	—	5.29	1	—	0.210	1	—	26.8	1	—
2007-08	TTFFZ01	0～10	58.0	1	—	6.54	1	—	1.330	1	—	25.3	1	—
2007-08	TTFFZ01	>10～20	32.1	1	—	6.38	1	—	0.320	1	—	26.2	1	—
2007-08	TTFFZ01	>20～40	15.1	1	—	6.32	1	—	0.670	1	—	29.5	1	—
2007-08	TTFFZ01	>40～60	7.2	1	—	1.84	1	—	0.970	1	—	30.1	1	—
2007-08	TTFFZ02	腐殖质	125.4	1	—	6.66	1	—	0.330	1	—	28.3	1	—
2007-08	TTFFZ02	0～10	47.1	1	—	2.32	1	—	0.070	1	—	26.7	1	—
2007-08	TTFFZ02	>10～20	29.0	1	—	2.27	1	—	0.230	1	—	26.3	1	—
2007-08	TTFFZ02	>20～40	16.4	1	—	1.52	1	—	0.060	1	—	29.4	1	—
2007-08	TTFFZ02	>40～60	10.1	1	—	1.34	1	—	0.150	1	—	31.8	1	—
2007-08	TTFFZ03	腐殖质	96.4	1	—	6.66	1	—	0.330	1	—	19.3	1	—
2007-08	TTFFZ03	0～10	42.7	1	—	2.32	1	—	0.070	1	—	18.3	1	—
2007-08	TTFFZ03	>10～20	26.7	1	—	2.27	1	—	0.230	1	—	14.6	1	—
2007-08	TTFFZ03	>20～40	17.4	1	—	1.52	1	—	0.060	1	—	15.2	1	—
2007-08	TTFFZ03	>40～60	11.3	1	—	1.34	1	—	0.150	1	—	16.2	1	—
2013-08	TTFFZ01	腐殖质	78.32	1	—	0.03	1	—	0.244	1	—	11.3	3	0.0
2013-08	TTFFZ01	0～10	56.8	1	—	0.03	1	—	0.187	1	—	11.2	3	0.0
2013-08	TTFFZ01	>10～20	28.1	1	—	0.02	1	—	0.109	1	—	11.9	3	0.0
2013-08	TTFFZ01	>20～40	11.4	1	—	0.05	1	—	0.100	1	—	12.5	3	0.0
2013-08	TTFFZ01	>40～60	7.6	1	—	0.00	1	—	0.132	1	—	13.0	3	0.0

（续）

时间（年-月）	样地代码	观测层次/cm	有机质/（g/kg）			全氮/（g/kg）			全磷/（g/kg）			全钾/（g/kg）		
			平均值	重复数	标准差	平均值	重复数	标准差	平均值	重复数	标准差	平均值	重复数	标准差
2013-08	TTFFZ01	>60～100	10.9	1	—	0.00	1	—	0.148	1	—	13.2	3	0.0
2013-08	TTFZH01	腐殖质	78.47	1	—	0.05	1	—	0.368	1	—	12.2	3	0.0
2013-08	TTFZH01	0～10	59.6	1	—	0.02	1	—	0.193	1	—	15.5	3	0.0
2013-08	TTFZH01	>10～20	24.5	1	—	0.01	1	—	0.214	1	—	17.0	3	0.0
2013-08	TTFZH01	>20～40	21.5	1	—	0.01	1	—	0.074	1	—	17.4	3	0.0
2013-08	TTFZH01	>40～60	23.2	1	—	0.01	1	—	0.171	1	—	18.3	3	0.0
2013-08	TTFZH01	>60～100	11.9	1	—	0.01	1	—	0.130	1	—	20.2	3	0.0
2013-08	TTFFZ03	腐殖质	102.10	1	—	0.07	1	—	0.267	1	—	10.6	3	0.0
2013-08	TTFFZ03	0～10	44.56	1	—	0.02	1	—	0.113	1	—	12.8	3	0.0
2013-08	TTFFZ03	>10～20	17.60	1	—	0.01	1	—	0.101	1	—	13.3	3	0.0
2013-08	TTFFZ03	>20～40	9.63	1	—	0.00	1	—	0.087	1	—	12.9	3	0.0
2013-08	TTFFZ03	>40～60	8.92	1	—	0.00	1	—	0.029	1	—	>12.8	3	0.0
2013-08	TTFFZ03	60～100	5.20	1	—	0.00	1	—	0.112	1	—	13.5	3	0.0
2017-08	TTFFZ01	腐殖质	133.04	2	0.27	4.21	2	0.06	0.21	2	0.04	10.72	2	0.23
2017-08	TTFFZ01	0～10	60.45	2	0.16	2.15	2	0.02	0.14	2	0.01	12.48	2	0.13
2017-08	TTFFZ01	>10～20	42.73	2	0.65	1.47	2	0.07	0.12	2	0.02	13.57	2	1.75
2017-08	TTFFZ01	>20～40	24.76	2	0.88	0.90	2	0.02	0.14	2	0.05			
2017-08	TTFFZ01	>40～60	20.78	2	2.91	0.79	2	0.01	0.14	2	0.10			
2017-08	TTFFZ01	>60～100	14.46	2	0.18	0.68	2	0.07	0.09	2	0.05			
2017-08	TTFZH01	腐殖质	175.83	2	1.78	6.28	2	0.55	0.31	2	0.00	13.19	2	1.44
2017-08	TTFZH01	0～10	73.73	2	0.35	2.59	2	0.27	0.21	2	0.04	14.19	2	1.15
2017-08	TTFZH01	>10～20	53.79	2	1.44	1.97	2	0.16	0.16	2	0.00	17.03	2	1.23
2017-08	TTFZH01	>20～40	35.04	2	1.30	1.34	2	0.03	0.09	2	0.03			
2017-08	TTFZH01	>40～60	26.58	2	0.46	1.01	2	0.09	0.07	2	0.01			
2017-08	TTFZH01	>60～100	29.47	2	0.28	1.12	2	0.02	0.15	2	0.05			

（续）

时间（年-月）	样地代码	观测层次/cm	有机质/（g/kg）			全氮/（g/kg）			全磷/（g/kg）			全钾/（g/kg）		
			平均值	重复数	标准差	平均值	重复数	标准差	平均值	重复数	标准差	平均值	重复数	标准差
2017-08	TTFFZ03	腐殖质	174.84	2	2.38	5.28	2	0.12	0.16	2	0.03	15.92	2	1.80
2017-08	TTFFZ03	0～10	45.29	2	2.54	1.35	2	0.04	0.17	2	0.13	17.42	2	1.32
2017-08	TTFFZ03	>10～20	49.44	2	0.77	1.53	2	0.10	0.10	2	0.04	19.21	2	1.03
2017-08	TTFFZ03	>20～40	28.57	2	0.02	0.95	2	0.05	0.11	2	0.04			
2017-08	TTFFZ03	>40～60	13.29	2	0.07	0.37	2	0.01	0.03	2	0.01			
2017-08	TTFFZ03	>60～100	14.22	2	0.34	0.45	2	0.04	0.02	2	0.03			

表 3-16 观测场剖面土壤有效磷、速效钾、缓效钾和 pH

时间（年-月）	样地代码	观测层次/cm	有效磷/（mg/kg）			速效钾/（mg/kg）			缓效钾/（mg/kg）			pH		
			平均值	重复数	标准差	平均值	重复数	标准差	平均值	重复数	标准差	平均值	重复数	标准差
2007-08	TTFZH01	腐殖质	0.1	1	—	21.8	1	—				3.60	1	—
2007-08	TTFZH01	0～10	0.1	1	—	19.3	1	—				3.64	1	—
2007-08	TTFZH01	>10～20	0.1	1	—	15.3	1	—				3.69	1	—
2007-08	TTFZH01	>20～40	0.1	1	—	11.6	1	—				3.64	1	—
2007-08	TTFZH01	>40～60	0.1	1	—	9.7	1	—				3.72	1	—
2007-08	TTFFZ01	腐殖质	0.2	1	—	25.7	1	—				3.56	1	—
2007-08	TTFFZ01	0～10	0.1	1	—	21.3	1	—				3.81	1	—
2007-08	TTFFZ01	>10～20	0.1	1	—	16.5	1	—				3.87	1	—
2007-08	TTFFZ01	>20～40	0.1	1	—	12.1	1	—				3.75	1	—
2007-08	TTFFZ01	>40～60	0.1	1	—	10.7	1	—				3.77	1	—
2007-08	TTFFZ02	腐殖质	0.2	1	—	32.7	1	—				3.79	1	—
2007-08	TTFFZ02	0～10	0.1	1	—	29.3	1	—				3.79	1	—
2007-08	TTFFZ02	>10～20	0.1	1	—	23.5	1	—				4.02	1	—
2007-08	TTFFZ02	>20～40	0.1	1	—	17.8	1	—				3.86	1	—

（续）

时间（年-月）	样地代码	观测层次/cm	有效磷/（mg/kg）			速效钾/（mg/kg）			缓效钾/（mg/kg）			pH		
			平均值	重复数	标准差	平均值	重复数	标准差	平均值	重复数	标准差	平均值	重复数	标准差
2007-08	TTFFZ02	>40～60	0.0	1	—	11.3	1	—				3.62	1	—
2007-08	TTFFZ03	腐殖质	0.1	1	—	25.9	1	—				3.60	1	—
2007-08	TTFFZ03	0～10	0.1	1	—	21.4	1	—				3.64	1	—
2007-08	TTFFZ03	>10～20	0.1	1	—	17.3	1	—				3.69	1	—
2007-08	TTFFZ03	>20～40	0.1	1	—	14.6	1	—				3.64	1	—
2007-08	TTFFZ03	>40～60	0.2	1	—	11.7	1	—				3.72	1	—
2013-08	TTFFZ01	腐殖质	8.6	3	0.4	212.8	1	—	210.97	3	4.64	3.19	1	—
2013-08	TTFFZ01	0～10	5.8	3	0.1	192.0	1	—	62.83	3	0.90	3.18	1	—
2013-08	TTFFZ01	>10～20	2.7	3	0.2	118.2	1	—	64.90	3	0.20	3.30	1	—
2013-08	TTFFZ01	>20～40	1.2	3	0.1	83.3	1	—	94.50	3	1.73	3.49	1	—
2013-08	TTFFZ01	>40～60	0.7	3	0.1	79.5	1	—	59.97	3	0.31	3.54	1	—
2013-08	TTFFZ01	>60～100	0.8	3	0.1	86.6	1	—	58.77	3	0.21	3.48	1	—
2013-08	TTFZH01	腐殖质	9.1	3	0.4	99.3	1	—	114.73	3	3.05	3.03	1	—
2013-08	TTFZH01	0～10	6.3	3	0.4	166.8	1	—	40.33	3	1.03	3.28	1	—
2013-08	TTFZH01	>10～20	2.4	3	0.3	106.4	1	—	38.73	3	1.22	3.41	1	—
2013-08	TTFZH01	>20～40	1.3	3	0.1	136.5	1	—	39.30	3	1.13	3.44	1	—
2013-08	TTFZH01	>40～60	0.8	3	0.1	103.6	1	—	43.63	3	0.31	3.45	1	—
2013-08	TTFZH01	>60～100	0.8	3	0.1	93.0	1	—	51.17	3	2.66	3.49	1	—
2013-08	TTFFZ03	腐殖质	11.0	3	0.5	100.7	1	—	138.07	3	4.64	2.69	1	—
2013-08	TTFFZ03	0～10	4.5	3	0.3	74.5	1	—	78.73	3	0.85	2.91	1	—
2013-08	TTFFZ03	>10～20	3.4	3	0.1	43.2	1	—	77.57	3	1.01	3.28	1	—
2013-08	TTFFZ03	>20～40	2.2	3	0.2	32.1	1	—	74.80	3	0.82	3.35	1	—

（续）

时间（年-月）	样地代码	观测层次/cm	有效磷/（mg/kg）			速效钾/（mg/kg）			缓效钾/（mg/kg）			pH		
			平均值	重复数	标准差	平均值	重复数	标准差	平均值	重复数	标准差	平均值	重复数	标准差
2013-08	TTFFZ03	>40～60	1.9	3	0.1	38.7	1	—	80.60	3	0.26	3.38	1	—
2013-08	TTFFZ03	>60～100	1.9	3	0.1	49.3	1	—	89.33	3	1.91	3.40	1	—
2017-08	TTFFZ01	腐殖质	7.66	3	0.12	160.73	3	1.73	170.47	3	6.30	3.73	2	0.04
2017-08	TTFFZ01	0～10	4.93	3	0.09	73.90	3	0.88	96.50	3	3.00	3.61	2	0.06
2017-08	TTFFZ01	>10～20	2.96	3	0.11	39.42	3	1.87	58.60	3	2.65	3.63	2	0.06
2017-08	TTFFZ01	>20～40	2.12	3	0.32	48.73	3	1.51	60.27	3	1.06			
2017-08	TTFFZ01	>40～60	1.51	3	0.27	68.87	3	0.40	81.33	3	3.05			
2017-08	TTFFZ01	>60～100	1.41	3	0.14	57.80	3	2.51	65.00	3	1.59			
2017-08	TTFFZ03	腐殖质	11.62	3	0.98	150.95	3	3.59	184.63	3	3.05	3.68	2	0.06
2017-08	TTFFZ03	0～10	5.21	3	0.23	54.38	3	0.85	80.80	3	1.54	3.52	2	0.12
2017-08	TTFFZ03	>10～20	3.02	3	0.18	46.15	3	0.70	72.27	3	2.83	3.59	2	0.04
2017-08	TTFFZ03	>20～40	2.35	3	0.05	43.70	3	0.56	76.17	3	1.50			
2017-08	TTFFZ03	>40～60	2.38	3	0.31	46.90	3	1.39	78.90	3	2.62			
2017-08	TTFFZ03	>60～100	2.17	3	0.06	52.93	3	0.86	86.97	3	2.61			
2017-08	TTFZH01	腐殖质	10.87	3	0.40	133.03	3	4.32	172.47	3	3.05	3.69	2	0.13
2017-08	TTFZH01	0～10	3.95	3	0.31	36.98	3	1.26	46.63	3	1.27	3.33	2	0.01
2017-08	TTFZH01	>10～20	3.57	3	0.04	37.15	3	0.36	46.97	3	0.71	3.48	2	0.06
2017-08	TTFZH01	>20～40	2.24	3	0.14	36.20	3	0.41	46.60	3	0.70			
2017-08	TTFZH01	>40～60	1.57	3	0.13	33.42	3	0.23	48.27	3	0.90			
2017-08	TTFZH01	>60～100	1.22	3	0.20	29.77	3	0.38	51.47	3	0.81			

3.2.3 土壤速效微量元素数据集

3.2.3.1 概述

本数据集包括天童站 2013—2017 年常绿阔叶林次生演替系列样地［栲树林综合观测场（TTFZH01）、木荷林辅助观测场（TTFFZ01）和檵木-石栎次生常绿灌丛辅助观测场（TTFFZ03）］土壤速效微量元素（有效铜、有效硫、有效钼）数据。观测的频率为 5 年 1 次，观测深度为腐殖质层、0～10 cm、＞10～20 cm、＞20～40 cm、＞40～60 cm、＞60～100 cm。样地的基本信息见 2.2.1。

3.2.3.2 数据采集和处理方法

（1）采样方法

参见 3.2.1。测定土壤速效微量元素时选用风干土去除植物残根、侵入体、新生体、石子，用玻璃研钵研磨过 2 mm 尼龙网筛的土壤进行测定。

（2）分析手段

速效微量元素分析手段见表 3-17。

表 3-17 速效微量元素分析手段

序号	土壤指标	分析方法	使用仪器
1	有效铜	DTPA 浸提-原子吸收分光光度法	普析 990S 原子吸收分光光度计
2	有效硫	硫酸钡比浊法	Dynamica DB-20R 紫外分光光度计
3	有效钼	草酸-草酸铵溶液浸提-ICP-MS 法	ELAN DRC-e ICP-MS

3.2.3.3 数据质量和评估

数据质量控制和评估包括：①样品采集过程的质量控制；②样品分析的质量控制；③数据质量控制。具体见 3.2.1。

3.2.3.4 数据使用方法和建议

土壤微量元素一是泛指含量很低的元素，二是专指具有生物学意义的微量元素即动物和植物的生长所不可缺少的、对农业和人类健康有重要意义的元素。本数据集采用了近年来国内外普遍使用的原子吸收法和电感耦合、高频耦合等离子发射光谱法，相较于常用的比色法对于低含量的微量元素的测定更有优势，精度更高，重复性更好。

3.2.3.5 数据

剖面土壤速效微量元素含量见表 3-18。

表 3-18 剖面土壤速效微量元素含量（有效铜、有效硫和有效钼）

时间（年-月）	样地代码	观测层次/cm	有效铜/（mg/kg）			有效硫/（mg/kg）			有效钼/（10 μg/kg）		
			平均值	重复数	标准差	平均值	重复数	标准差	平均值	重复数	标准差
2013-08	TTFFZ01	腐殖质	1.86	3	0.03	18.69	3	0.56	13.376	3	0.169
2013-08	TTFFZ01	0～10	1.31	3	0.02	46.15	3	0.89	11.003	3	0.163
2013-08	TTFFZ01	＞10～20	1.16	3	0.03	19.76	3	1.38	8.169	3	0.078
2013-08	TTFFZ01	＞20～40	0.97	3	0.05	28.59	3	0.48	7.681	3	0.088
2013-08	TTFFZ01	＞40～60	0.99	3	0.07	31.09	3	1.81	10.494	3	0.185
2013-08	TTFFZ01	＞60～100	1.09	3	0.06	29.52	3	1.48	6.418	3	0.086
2013-08	TTFFZ03	腐殖质	1.55	3	0.06	24.61	3	0.54	20.851	3	0.387

（续）

时间（年-月）	样地代码	观测层次/cm	有效铜/（mg/kg）			有效硫/（mg/kg）			有效钼/（10 μg/kg）		
			平均值	重复数	标准差	平均值	重复数	标准差	平均值	重复数	标准差
2013-08	TTFFZ03	0～10	1.19	3	0.05	20.46	3	0.99	16.678	3	0.198
2013-08	TTFFZ03	>10～20	1.06	3	0.03	18.16	3	0.21	8.048	3	0.142
2013-08	TTFFZ03	>20～40	1.06	3	0.06	23.69	3	1.79	5.350	3	0.195
2013-08	TTFFZ03	>40～60	1.03	3	0.07	24.55	3	0.62	120.422	3	1.300
2013-08	TTFFZ03	>60～100	1.00	3	0.03	37.93	3	0.94	4.324	3	0.208
2013-08	TTFZH01	腐殖质	1.57	3	0.06	37.56	3	0.61	16.570	3	0.275
2013-08	TTFZH01	0～10	1.14	3	0.03	43.10	3	1.17	7.660	3	0.096
2013-08	TTFZH01	>10～20	1.08	3	0.05	38.71	3	3.03	5.232	3	0.109
2013-08	TTFZH01	>20～40	1.02	3	0.05	39.11	3	1.99	4.755	3	0.166
2013-08	TTFZH01	>40～60	1.07	3	0.04	49.89	3	1.06	2.412	3	0.043
2013-08	TTFZH01	>60～100	1.12	3	0.07	40.92	3	1.79	3.492	3	0.075
2017-08	TTFFZ01	腐殖质	1.81	3	0.03	21.23	3	0.73	11.49	3	0.45
2017-08	TTFFZ01	0～10	1.21	3	0.03	45.61	3	0.29	15.70	3	0.18
2017-08	TTFFZ01	>10～20	1.09	3	0.09	52.86	3	1.59	43.44	3	0.73
2017-08	TTFFZ01	>20～40	1.03	3	0.03	43.19	3	1.10	6.94	3	0.21
2017-08	TTFFZ01	>40～60	1.01	3	0.03	40.04	3	3.40	2.57	3	0.09
2017-08	TTFFZ01	>60～100	0.95	3	0.04	28.68	3	0.84	4.52	3	0.14
2017-08	TTFFZ03	腐殖质	1.61	3	0.08	33.44	3	1.10	15.40	3	0.06
2017-08	TTFFZ03	0～10	1.06	3	0.06	32.01	3	1.31	7.77	3	0.18
2017-08	TTFFZ03	>10～20	1.07	3	0.06	36.57	3	0.56	8.30	3	0.15
2017-08	TTFFZ03	>20～40	1.10	3	0.05	30.60	3	2.07	14.73	3	0.16
2017-08	TTFFZ03	>40～60	1.03	3	0.02	36.92	3	1.04	2.34	3	0.16
2017-08	TTFFZ03	>60～100	1.04	3	0.05	37.92	3	1.61	3.45	3	0.07
2017-08	TTFZH01	腐殖质	1.53	3	0.06	16.60	3	0.26	18.13	3	0.24
2017-08	TTFZH01	0～10	1.15	3	0.05	40.58	3	1.37	4.05	3	0.10
2017-08	TTFZH01	>10～20	1.11	3	0.07	40.72	3	2.63	17.13	3	0.05
2017-08	TTFZH01	>20～40	1.09	3	0.02	42.70	3	1.34	2.55	3	0.07
2017-08	TTFZH01	>40～60	1.06	3	0.03	43.21	3	7.81	2.21	3	0.11
2017-08	TTFZH01	>60～100	1.04	3	0.05	37.15	3	1.81	5.94	3	0.11

3.2.4 剖面土壤机械组成数据集

3.2.4.1 概述

本数据集包括天童站2007年、2017年常绿阔叶林次生演替系列样地［栲树林综合观测场（TTFZH01）、木荷林辅助观测场（TTFFZ01）、马尾松辅助观测场（TTFFZ02）和檵木-石栎次生常绿灌丛辅助观测场（TTFFZ03）］剖面土壤机械组成（土壤颗粒组成和土壤质地）数据。观测的频率为10年1次，观测深度为腐殖质层、0～10 cm、>10～20 cm、>20～40 cm、>40～60 cm、>60～100 cm。样地的基本信息见2.2.1。

3.2.4.2 数据采集和处理方法

（1）采样方法

参见 3.2.1。测定土壤剖面机械组成时选用风干去除植物残根、侵入体、新生体、石子，用玻璃研钵研磨过 2 mm 尼龙网筛的土壤进行测定。

（2）分析手段

2007 年对长期观测样地土壤的机械组成的观测，运用吸管法对土壤中颗粒含量进行测定，测定后得到不同粒径的土壤颗粒的百分含量。目前随着国际学术交流的增多，中国土壤质地分类也采用了国际上流行的美国制分类标准。根据国际土粒分级标准图中的美国制分为黏粒（≤0.002 mm）、粉粒（>0.002～0.05 mm）、沙粒（>0.05～2 mm）、砾石和石块（>2 mm）。根据美国土壤质地分类标准三角坐标图进行分类。

3.2.4.3 数据质量控制和评估

数据质量控制和评估包括：①样品采集过程的质量控制；②样品分析的质量控制；③数据质量控制。具体见 3.2.1。

3.2.4.4 数据使用方法和建议

土壤机械组成数据是研究土壤最基本的资料之一，其主要用途有 3 个方面：土壤比面估算、确定土壤质地和土壤结构性评价，由这 3 个方面可衍生出许多其他的用途。同一区域土壤的机械组成选取不同的粒径分级或者参照不同的分类标准分类结果会略有差异。建议使用本数据集和其他区域的数据进行对比时，结合土壤孔隙度、渗透率等数据。

3.2.4.5 数据

剖面土壤机械组成见表 3-19。

表 3-19 剖面土壤机械组成

时间（年-月）	样地代码	观测层次/cm	沙粒（>0.05～2 mm,%）	粉粒（>0.002～0.05mm,%）	黏粒（≤0.002 mm,%）	重复数	土壤质地名称
2007-08	TTFZH01	0～10	10.03	65.40	24.57	1	黏壤土
2007-08	TTFZH01	>10～20	10.77	64.47	24.73	1	沙壤土
2007-08	TTFZH01	>20～40	9.60	65.20	25.23	1	沙壤土
2007-08	TTFZH01	>40～60	6.70	66.00	27.30	1	沙壤土
2007-08	TTFFZ01	0～10	8.17	69.60	22.23	1	黏壤土
2007-08	TTFFZ01	>10～20	12.63	64.27	23.13	1	沙壤土
2007-08	TTFFZ01	>20～40	15.77	60.10	24.13	1	沙壤土
2007-08	TTFFZ01	>40～60	12.73	61.40	26.53	1	沙壤土
2007-08	TTFFZ02	0～10	31.97	48.50	19.53	1	沙壤土
2007-08	TTFFZ02	>10～20	36.03	44.30	19.70	1	沙壤土
2007-08	TTFFZ02	>20～40	33.97	45.47	20.53	1	沙壤土
2007-08	TTFFZ02	>40～60	38.53	42.00	19.47	1	沙壤土
2007-08	TTFFZ03	0～10	16.97	65.10	17.93	1	沙壤土
2007-08	TTFFZ03	>10～20	11.03	68.87	20.13	1	沙壤土
2007-08	TTFFZ03	>20～40	12.17	67.27	20.57	1	沙壤土
2007-08	TTFFZ03	>40～60	12.20	67.30	20.50	1	沙壤土
2017-08	TTFFZ01	0～10	11.38	61.61	9.04	3	黏壤土
2017-08	TTFFZ01	>10～20	12.86	67.49	7.32	3	沙壤土

（续）

时间（年-月）	样地代码	观测层次/cm	沙粒（>0.05～2 mm,%）	粉粒（>0.002～0.05mm,%）	黏粒（≤0.002 mm,%）	重复数	土壤质地名称
2017-08	TTFFZ01	>20～40	10.52	70.77	12.18	3	沙壤土
2017-08	TTFFZ01	>40～60	10.43	65.32	9.67	3	沙壤土
2017-08	TTFFZ01	>60～100	8.21	66.30	12.67	3	黏壤土
2017-08	TTFZH01	0～10	9.61	64.74	8.75	3	沙壤土
2017-08	TTFZH01	>10～20	8.30	63.74	10.82	3	沙壤土
2017-08	TTFZH01	>20～40	7.78	55.27	15.98	3	沙壤土
2017-08	TTFZH01	>40～60	3.83	48.24	19.74	3	沙壤土
2017-08	TTFZH01	>60～100	2.66	56.48	19.34	3	沙壤土
2017-08	TTFFZ03	0～10	11.49	55.39	10.53	3	沙壤土
2017-08	TTFFZ03	>10～20	10.98	42.34	11.10	3	沙壤土
2017-08	TTFFZ03	>20～40	2.37	34.37	11.67	3	沙壤土
2017-08	TTFFZ03	>40～60	5.51	29.81	16.15	3	沙壤土
2017-08	TTFFZ03	>60～100	1.27	24.48	14.46	3	沙壤土

3.2.5　剖面土壤容重数据集

3.2.5.1　概述

本数据集包括天童站 2007—2013 年常绿阔叶林次生演替系列样地［栲树林综合观测场（TTFZH01）、木荷林辅助观测场（TTFFZ01）、马尾松辅助观测场（TTFFZ02）和檵木-石栎次生常绿灌丛辅助观测场（TTFFZ03）］剖面土壤容重数据。观测的频率为 5 年 1 次，观测深度为腐殖质层、0～10 cm、>10～20 cm、>20～40 cm、>40～60 cm、>60～100 cm。样地的基本信息见 2.2.1。

3.2.5.2　数据采集和处理方法

（1）采样方法

参见 3.2.1。

（2）分析手段

测定土壤容重主要运用的是环刀法。用环刀取具有代表性的原状土，称重并计算单位容积的烘干土质量，即土壤容重，本样地采用的环刀标准容积为 100 cm^3。先在具有代表性的地段，挖取完整的剖面，按照固定的采样深度，取该层的中间部分，每层采集 3 个样品，然后放入鼓风干燥机中，105 ℃烘至恒重，计算得到土壤容重。

3.2.5.3　数据质量控制和评估

数据质量控制和评估包括：①样品采集过程的质量控制；②样品分析的质量控制；③数据质量控制。具体见 3.2.1。

3.2.5.4　数据价值

土壤容重综合反映了土壤颗粒和土壤的孔隙状况，它与土壤的质地、结构、有机质含量和土壤紧实度有关。本数据集进行的是野外原位测定，能够真实反映野外原位土壤结构特征，重复多，测量深度深。为研究土壤有机碳蓄积和土壤碳库等相关研究提供了重要数据。

3.2.5.5　数据

剖面土壤容重见表 3-20。

表 3-20 剖面土壤容重

时间（年-月）	样地代码	观测层次/cm	容重/（g/cm³）	重复数	标准差
2007-08	TTFZH01	0～10	0.73	3	0.04
2007-08	TTFZH01	>10～20	0.76	3	0.29
2007-08	TTFZH01	>20～40	0.85	3	0.07
2007-08	TTFZH01	>40～60	0.96	3	0.06
2007-08	TTFZH01	>60～70	1.08	3	0.04
2007-08	TTFFZ01	0～10	0.93	3	0.14
2007-08	TTFFZ01	>10～20	0.98	3	0.29
2007-08	TTFFZ01	>20～40	1.01	3	0.17
2007-08	TTFFZ01	>40～60	1.16	3	0.16
2007-08	TTFFZ01	>60～70	1.28	3	0.14
2007-08	TTFFZ02	0～10	0.98	3	0.12
2007-08	TTFFZ02	>10～20	0.96	3	0.21
2007-08	TTFFZ02	>20～40	1.09	3	0.17
2007-08	TTFFZ02	>40～60	1.16	3	0.16
2007-08	TTFFZ02	>60～70	1.38	3	0.14
2007-08	TTFFZ03	0～10	1.08	3	0.11
2007-08	TTFFZ03	>10～20	1.17	3	0.25
2007-08	TTFFZ03	>20～40	1.31	3	0.27
2007-08	TTFFZ03	>40～60	1.36	3	0.26
2007-08	TTFFZ03	>60～70	1.38	3	0.14
2013-08	TTFZH01	0～10	0.84	3	0.06
2013-08	TTFZH01	>10～20	0.96	3	0.09
2013-08	TTFFZ01	0～10	1.05	3	0.08
2013-08	TTFFZ01	>10～20	1.24	3	0.09
2013-08	TTFFZ03	0～10	1.14	3	0.12
2013-08	TTFFZ03	>10～20	1.44	3	0.11
2017-08	TTFFZ01	腐殖质	0.51	3	0.51
2017-08	TTFFZ01	0～10	1.01	3	0.99
2017-08	TTFFZ01	>10～20	0.99	3	1.04
2017-08	TTFFZ01	>20～40	1.16	3	1.17
2017-08	TTFFZ01	>40～60	1.13	3	1.18
2017-08	TTFFZ01	>60～100	1.19	3	1.22
2017-08	TTFZH01	腐殖质	0.54	3	0.53
2017-08	TTFZH01	0～10	0.69	3	0.84
2017-08	TTFZH01	>10～20	0.78	3	0.85
2017-08	TTFZH01	>20～40	0.99	3	1.00
2017-08	TTFZH01	>40～60	0.79	3	0.94
2017-08	TTFZH01	>60～100	1.03	3	1.03

（续）

时间（年-月）	样地代码	观测层次/cm	容重/（g/cm³）	重复数	标准差
2017-08	TTFFZ03	腐殖质	0.24	3	0.22
2017-08	TTFFZ03	0～10	0.40	3	0.43
2017-08	TTFFZ03	>10～20	0.91	3	0.82
2017-08	TTFFZ03	>20～40	0.78	3	0.68
2017-08	TTFFZ03	>40～60	0.83	3	0.85
2017-08	TTFFZ03	>60～100	1.27	3	1.00

3.2.6 剖面土壤重金属全量数据集

3.2.6.1 概述

本数据集包括天童站2013年常绿阔叶林次生演替系列样地［栲树林综合观测场（TTFZH01）、木荷林辅助观测场（TTFFZ01）和檵木-石栎次生常绿灌丛辅助观测场（TTFFZ03）］土壤中重金属全量（全铅、全铬、全镍、全砷）数据。观测的频率为5年1次，观测深度为腐殖质层、0～10 cm、>10～20 cm、>20～40 cm、>40～60 cm、>60～100 cm。样地的基本信息见2.2.1。

3.2.6.2 数据采集和处理方法

（1）采样方法

参见3.2.1。测定土壤重金属全量时，选用风干去除植物残根、侵入体、新生体、石子，用玻璃研钵研磨过2 mm尼龙网筛的土壤，运用四分法全部分多次取到测定需要的土壤用量。将取出的土壤全部通过0.15 mm筛孔以备测定使用。

（2）分析手段

剖面土壤重金属全量的分析手段见表3-21。

表3-21 剖面土壤重金属全量的分析手段

序号	土壤指标	分析方法	使用仪器
1	铅	盐酸-硝酸-氢氟酸-高氯酸消煮-ICP-OES法	电感耦合等离子体发射光谱仪 iCAP6300
2	铬	盐酸-硝酸-氢氟酸-高氯酸消煮-ICP-OES法	电感耦合等离子体发射光谱仪 iCAP6300
3	镍	盐酸-硝酸-氢氟酸-高氯酸消煮-ICP-OES法	电感耦合等离子体发射光谱仪 iCAP6300
4	砷	盐酸-硝酸-氢氟酸-高氯酸消煮-ICP-OES法	电感耦合等离子体发射光谱仪 iCAP6300

3.2.6.3 数据质量控制和评估

数据质量控制和评估包括：①样品采集过程的质量控制；②样品分析的质量控制；③数据质量控制。具体见3.2.1。

3.2.6.4 数据使用方法和建议

重金属主要指汞、镉、铅、铬以及其他生物毒性显著的元素。在土壤-植物系统中，重金属通过食物链影响人类健康。有研究表明森林土壤重金属的含量对土壤养分的积累也有一定影响。本数据集涵盖了几种主要的重金属指标，但是缺乏较长时间尺度的相关研究，建议研究不同土壤深度下的重金属含量变化时参考。

3.2.6.5 数据

剖面土壤重金属全量见表3-22。

表 3-22 剖面土壤重金属全量（铅、铬、镍和砷）

时间（年-月）	样地代码	观测层次/cm	铅/（mg/kg）			铬/（mg/kg）			镍/（mg/kg）			砷/（mg/kg）		
			平均值	重复数	标准偏差	平均值	重复数	标准偏差	平均值	重复数	标准偏差	平均值	重复数	标准偏差
2013-08	TTFFZ01	腐殖质	55	3	0.00	49.0	3	0.0	21.0	3	0.0	16	3	0.00
2013-08	TTFFZ01	0～10	49	3	0.00	47.0	3	0.0	18.0	3	0.0	14	3	0.00
2013-08	TTFFZ01	>10～20	41	3	0.00	48.0	3	0.0	18.0	3	0.0	12	3	0.00
2013-08	TTFFZ01	>20～40	42	3	0.00	53.0	3	0.0	23.0	3	0.0	10	3	0.00
2013-08	TTFFZ01	>40～60	40	3	0.00	52.0	3	0.0	24.0	3	0.0	9	3	0.00
2013-08	TTFFZ01	>60～100	41	3	0.00	56.0	3	0.0	24.0	3	0.0	21	3	0.00
2013-08	TTFFZ03	腐殖质	62	3	0.00	22.0	3	0.0	8.0	3	0.0	6	3	0.00
2013-08	TTFFZ03	0～10	45	3	0.00	20.0	3	0.0	4.0	3	0.0	5	3	0.00
2013-08	TTFFZ03	>10～20	43	3	0.00	20.0	3	0.0	8.0	3	0.0	18	3	0.00
2013-08	TTFFZ03	>20～40	45	3	0.00	22.0	3	0.0	6.0	3	0.0	4	3	0.00
2013-08	TTFFZ03	>40～60	44	3	0.00	23.0	3	0.0	4.0	3	0.0	5	3	0.00
2013-08	TTFFZ03	>60～100	41	3	0.00	22.0	3	0.0	5.0	3	0.0	8	3	0.00
2013-08	TTFZH01	腐殖质	55	3	0.00	48.0	3	0.0	19.0	3	0.0	13	3	0.00
2013-08	TTFZH01	0～10	80	3	0.00	59.0	3	0.0	21.0	3	0.0	>10	3	0.00
2013-08	TTFZH01	>10～20	56	3	0.00	61.0	3	0.0	22.0	3	0.0	18	3	0.00
2013-08	TTFZH01	>20～40	48	3	0.00	57.0	3	0.0	20.0	3	0.0	11	3	0.00
2013-08	TTFZH01	>40～60	48	3	0.00	55.0	3	0.0	20.0	3	0.0	12	3	0.00
2013-08	TTFZH01	>60～100	48	3	0.00	57.0	3	0.0	21.0	3	0.0	28	3	0.00

3.2.7 剖面土壤微量元素数据集

3.2.7.1 概述

数据集包括天童站2013年常绿阔叶林次生演替系列样地［栲树林综合观测场（TTFZH01）、木荷林辅助观测场（TTFFZ01）和檵木-石栎次生常绿灌丛辅助观测场（TTFFZ03）］剖面土壤微量元素（全钼、全锌、全锰、全铁）数据。观测的频率为5年1次，观测深度为腐殖质层、0～10 cm、>10～20 cm、>20～40 cm、>40～60 cm、>60～100 cm。样地的基本信息见2.2.1。

3.2.7.2 数据采集和处理方法

（1）采样方法

参见3.2.1。测定土壤重金属全量时，选用风干去除植物残根、侵入体、新生体、石子，用玻璃研钵研磨过2 mm尼龙网筛的土壤，运用四分法全部分多次取到测定需要的量。将取出的土壤全部通过0.15 mm筛以备测定使用。

（2）分析手段

剖面土壤微量元素的分析手段见表3-23。

表 3-23 剖面土壤微量元素的分析手段

序号	土壤指标	分析方法	使用仪器
1	钼	盐酸-硝酸-氢氟酸-高氯酸消煮-ICP-OES法	电感耦合等离子体发射光谱仪 iCAP6300
2	锌	盐酸-硝酸-氢氟酸-高氯酸消煮-ICP-OES法	电感耦合等离子体发射光谱仪 iCAP6300

（续）

序号	土壤指标	分析方法	使用仪器
3	锰	盐酸-硝酸-氢氟酸-高氯酸消煮-ICP-OES法	电感耦合等离子体发射光谱仪 iCAP6300
4	铁	盐酸-硝酸-氢氟酸-高氯酸消煮-ICP-OES法	电感耦合等离子体发射光谱仪 iCAP6300

3.2.7.3　数据质量控制和评估

数据质量控制和评估包括：①样品采集过程的质量控制；②样品分析的质量控制；③数据质量控制。具体见 3.2.1。

3.2.7.4　数据使用方法和建议

土壤中的微量元素是指含量很低的化学元素，有的微量元素是动物、植物生长和生活所必需的。它们也常是酶和辅酶的组成成分，在生物体内有很强的专一性。它们的含量与成土母质和成土的过程密切相关。本数据集测定了多种微量元素，但是缺乏较长时间尺度的相关研究，建议研究不同土壤剖面深度下的微量元素含量变化以及土壤中不同微量元素的比重时参考。

3.2.7.5　数据

剖面土壤微量元素见表 3-24。

表 3-24　剖面土壤微量元素（钼、锌、锰和铁）

时间（年-月）	样地代码	观测层次/cm	钼/（mg/kg）			锌/（mg/kg）			锰/（mg/kg）			铁/（g/kg）		
			平均值	重复数	标准偏差	平均值	重复数	标准偏差	平均值	重复数	标准偏差	平均值	重复数	标准偏差
2013-08	TTFFZ01	腐殖质	1	3	0.00	72	3	0.00	271	3	0.00	23.63	3	0.00
2013-08	TTFFZ01	0～10	2	3	0.00	51	3	0.00	165	3	0.00	22.90	3	0.02
2013-08	TTFFZ01	>10～20	1	3	0.00	50	3	0.00	141	3	0.00	24.88	3	0.01
2013-08	TTFFZ01	>20～40	1	3	0.00	49	3	0.00	143	3	0.00	27.64	3	0.01
2013-08	TTFFZ01	>40～60	5	3	0.00	55	3	0.00	172	3	0.00	27.66	3	0.04
2013-08	TTFFZ01	>60～100	2	3	0.00	49	3	0.00	178	3	0.00	27.06	3	0.01
2013-08	TTFFZ03	腐殖质	2	3	0.00	49	3	0.00	82	3	0.00	14.23	3	0.01
2013-08	TTFFZ03	0～10	3	3	0.00	25	3	0.00	64	3	0.00	15.94	3	0.00
2013-08	TTFFZ03	>10～20	2	3	0.00	21	3	0.00	69	3	0.00	17.54	3	0.01
2013-08	TTFFZ03	>20～40	4	3	0.00	33	3	0.00	67	3	0.00	19.21	3	0.01
2013-08	TTFFZ03	>40～60	4	3	0.00	21	3	0.00	69	3	0.00	20.41	3	0.01
2013-08	TTFFZ03	>60～100	3	3	0.00	20	3	0.00	78	3	0.00	21.17	3	0.01
2013-08	TTFZH01	腐殖质	2	3	0.00	58	3	0.00	149	3	0.00	22.69	3	0.01
2013-08	TTFZH01	0～10	4	3	0.00	70	3	0.00	152	3	0.00	27.79	3	0.02
2013-08	TTFZH01	>10～20	9	3	0.00	59	3	0.00	150	3	0.00	28.27	3	0.02
2013-08	TTFZH01	>20～40	1	3	0.00	57	3	0.00	154	3	0.00	27.92	3	0.03
2013-08	TTFZH01	>40～60	1	3	0.00	70	3	0.00	174	3	0.00	27.62	3	0.03
2013-08	TTFZH01	>60～100	2	3	0.00	47	3	0.00	182	3	0.00	28.14	3	0.02

3.3 气象联网长期观测数据集

3.3.1 大气要素数据集

3.3.1.1 概述

天童综合气象观测场始建于2003年，2009年4月移至木荷林辅助观测场附近，主要用于常规气象自动监测。本数据集包括该观测场自动气象站2003—2015年常规气象观测中大气气象指标（包括大气温度、湿度、风速、降水量、大气压）的月尺度和年尺度数据。

3.3.1.2 数据采集和处理方法

数据采集由观测系统配置的数采器自动完成，采样频率为1小时1次。每个月使用数据采集和分析软件（CERNASC2010）在线下载1次原始观测数据，并使用该软件对原始数据进行处理，得到含小时和日尺度的规范数据报表。

3.3.1.3 数据质量控制和评估

（1）原始数据质控措施：剔除无效（如数据值为“////”或“//：//”）或数值明显超出范围的数据项/列。

（2）短时间段（<3 h）数据插补：采用线性内插方法对短时间段（< 3 h）缺失的气象（降水量除外）数据进行插补。

（3）对日尺度数据进行缺失插补：建立邻近气象站气温、湿度与天童站气温、湿度的拟合方程，对相应缺失数据进行插补；建立天童站气温和土壤温度的拟合方程，对缺失的土壤数据进行插补；降水量使用邻近气象站的数据替代；风速、大气压不做插补。

（4）小时、日、月尺度数据转换：将一天内小时数据进行平均/累计得到日平均值/累计值，如果一天内小时尺度数据少于12个，则不计算日平均值/累计值，该日按缺失处理。将一个月内的日尺度数据平均/累计，得到月尺度数据，如果当月日尺度数据小于20个，则不计算月平均值/累计值，该月按缺失处理。将月值平均值/累计，得到年平均值/累计值。降水量以日、月和年累计值为计量单位，其他项目计算平均值。

3.3.1.4 数据使用方法和建议

天童站大气要素数据集体现了天童地区近15年大气气象要素的变化情况，能为区域气候变化评估提供基础数据。需要说明的是，2009年3月之前没有进行大气压观测。

3.3.1.5 数据

大气要素的季节动态和年际动态见表3-25和表3-26。

表3-25 大气要素的季节动态

时间（年-月）	气温/℃	有效数据/条	湿度/%	有效数据/条	风速/（m/s）	有效数据/条	降水量/mm	有效数据/条	大气压/hPa	有效数据/条
2003-04	15.3	22	83.5	22	1.1	22	80.4	22	—	—
2003-05	18.9	31	85.2	31	0.9	31	91.5	31	—	—
2003-06	22.8	30	85.5	30	0.8	30	119.2	30	—	—
2003-07	28.9	31	81.7	31	0.9	31	139.5	31	—	—
2003-08	27.7	31	85.3	31	0.9	31	180.5	31	—	—
2003-09	24.4	30	86.4	30	1.0	30	182.9	30	—	—
2003-10	17.5	31	80.2	31	0.9	31	28.1	31	—	—
2003-11	13.3	30	84.8	30	0.9	30	121.0	30	—	—

（续）

时间（年-月）	气温/℃	有效数据/条	湿度/%	有效数据/条	风速/（m/s）	有效数据/条	降水量/mm	有效数据/条	大气压/hPa	有效数据/条
2003-12	6.4	31	75.5	31	0.9	31	38.4	31	—	—
2004-01	4.3	31	78.6	31	0.8	31	107.7	31	—	—
2004-02	8.8	29	72.6	29	1.0	29	65.3	29	—	—
2004-03	9.0	31	81.5	31	0.9	31	84.8	31	—	—
2004-04	15.6	30	73.3	30	1.1	30	89.2	30	—	—
2004-05	20.1	31	83.9	31	0.8	31	227.1	31	—	—
2004-06	23.0	30	83.3	30	0.7	30	52.5	30	—	—
2004-07	27.4	31	83.0	31	1.1	31	140.3	31	—	—
2004-08	27.3	31	83.4	31	1.0	31	99.1	31	—	—
2004-09	22.6	30	92.0	30	0.9	30	429.8	30	—	—
2004-10	17.0	31	82.2	31	0.8	31	46.0	31	—	—
2004-11	13.6	30	83.4	30	0.7	30	82.0	30	—	—
2004-12	8.7	31	88.2	31	0.8	31	268.1	31	—	—
2005-01	2.9	31	82.8	31	0.9	31	120.4	31	—	—
2005-02	4.2	28	89.1	28	0.8	28	190.6	28	—	—
2005-03	8.2	31	76.2	31	1.0	31	94.7	31	—	—
2005-04	16.7	30	76.5	30	0.9	30	98.9	30	—	—
2005-05	18.9	27	87.3	27	0.7	27	86.6	27	—	—
2005-06	24.4	30	80.8	30		30	29.5	26	—	—
2005-07	28.0	28	85.2	28	0.8	28	163.9	28	—	—
2005-08	26.5	31	90.1	31	0.9	31	421.2	31	—	—
2005-09	24.9	30	89.9	30	0.8	30	325.5	30	—	—
2005-10	18.1	31	88.1	31	0.7	31	97.8	31	—	—
2005-11	14.8	30	85.0	30	0.6	30	134.3	30	—	—
2005-12	5.0	31	75.6	27	0.8	24	55.2	24	—	—
2006-01	6.3	28	88.8	28	0.7	28	166.4	28	—	—
2006-02	6.0	28	89.5	28	0.8	28	134.1	28	—	—
2006-03	10.8	31	79.4	31	0.9	31	81.8	31	—	—
2006-04	16.1	30	80.1	30	0.9	30	87.6	30	—	—
2006-05	19.4	28	84.2	31	0.6	28	174.6	28	—	—
2006-06	23.7	30	83.9	30	1.1	30	166.8	27	—	—
2006-07	28.2	31	76.8	30	1.5	31	112.3	25	—	—
2006-08	27.9	19	85.7	29	0.9	29	49.2	20	—	—
2006-09	22.1	30	94.9	30	0.4	30	200.6	30	—	—
2006-10	20.3	31	93.8	31	0.3	31	8.4	31	—	—
2006-11	14.8	30	89.8	30	0.4	30	19.7	30	—	—
2006-12	7.4	31	90.1	31	0.4	31	63.9	31	—	—
2007-01	5.1	24	85.9	24	0.6	24	104.7	24	—	—

（续）

时间（年-月）	气温/℃	有效数据/条	湿度/%	有效数据/条	风速/（m/s）	有效数据/条	降水量/mm	有效数据/条	大气压/hPa	有效数据/条
2007-02	9.6	28	78.3	28	1.2	28	57.3	26	—	—
2007-03	11.8	31	79.1	24	1.4	31	179.1	27	—	—
2007-04	14.7	30	72.3	30	1.2	30	103.3	28	—	—
2007-05	21.4	31	71.5	31	1.2	31	34.8	30	—	—
2007-06	23.9	31	84.0	30	1.1	30	220.0	29	—	—
2007-07	28.9	23	86.1	23	0.3	23	50.9	23	—	—
2007-08	27.1	31	96.7	31	0.5	31	322.7	31	—	—
2007-09	23.1	30	97.8	30	0.3	30	311.8	30	—	—
2007-10	18.7	31	95.8	31	0.2	31	15.7	31	—	—
2007-11	12.4	30	94.0	30	0.2	30	68.1	30	—	—
2007-12	8.7	31	94.7	31	0.2	31	46.6	31	—	—
2008-01	4.2	31	93.2	31	0.3	31	76.3	31	—	—
2008-02	3.0	29	87.7	29	0.3	29	83.4	29	—	—
2008-03	10.8	31	76.0	26	1.1	26	36.9	26	—	—
2008-04	15.0	30	78.5	30	1.2	30	114.7	26	—	—
2008-05	20.2	31	75.8	31	1.3	31	95.7	26	—	—
2008-06	23.1	30	86.6	30	1.0	30	302.5	26	—	—
2008-07	28.1	31	76.8	31	1.4	31	105.4	27	—	—
2008-08	26.3	31	82.7	31	1.0	31	173.1	27	—	—
2008-09	24.1	30	84.4	30	1.3	30	218.1	29	—	—
2008-10	19.2	31	81.2	31	1.0	31	87.0	24	—	—
2008-11	12.3	30	78.9	30	1.0	30	87.3	26	—	—
2008-12	7.1	31	71.4	31	1.1	31	23.5	29	—	—
2009-01	3.8	31	74.7	31	1.1	31	36.9	27	—	—
2009-02	9.1	28	84.3	28	1.3	28	127.0	27	—	—
2009-03	10.2	31	78.1	31	1.2	31	116.5	32	—	—
2009-04	15.2	27	71.6	27	0.8	27	145.8	27	1 001.3	27
2009-05	20.1	31	68.4	31	0.8	31	70.8	31	998.3	31
2009-06	24.3	30	78.8	30	1.0	30	133.5	28	990.5	30
2009-07	27.1	31	77.9	31	1.1	31	163.9	27	990.9	31
2009-08	26.5	31	83.8	31	1.3	31	301.8	30	991.8	31
2009-09	24.0	30	81.2	30	1.3	28	147.1	26	997.4	28
2009-10	19.4	30	76.1	25	0.7	30	119.4	30	1 002.2	30
2009-11	11.5	30	85.8	26	0.7	30	253.4	30	1 007.8	30
2009-12	6.6	31	73.4	31	0.6	31	78.6	31	1 008.9	31
2010-01	5.9	31	74.1	31	0.7	31	50.8	31	1 010.2	31
2010-02	7.5	28	80.2	28	0.8	28	182.6	28	1 005.3	28
2010-03	9.6	31	73.8	31	0.9	31	245.2	31	1 005.3	31

（续）

时间（年-月）	气温/℃	有效数据/条	湿度/%	有效数据/条	风速/(m/s)	有效数据/条	降水量/mm	有效数据/条	大气压/hPa	有效数据/条
2010-04	12.4	30	76.3	30	0.8	30	147.2	30	1 003.1	30
2010-05	19.0	30	77.7	30	0.9	30	151.6	31	996.1	30
2010-06	21.9	30	84.4	30	0.5	30	167.2	30	993.7	30
2010-07	26.8	31	84.8	31	0.5	31	267.4	31	992.3	31
2010-08	28.8	31	76.0	31	0.6	31	12.6	31	994.4	31
2010-09	24.7	30	86.1	30	0.7	30	105.5	30	997.3	30
2010-10	17.7	31	80.7	31	0.7	31	172.0	31	1 003.5	31
2010-11	12.8	30	76.8	30	0.5	30	41.0	30	1 007.1	30
2010-12	7.8	31	69.0	31	0.7	31	118.2	31	1 005.0	31
2011-01	1.1	31	72.4	31	0.8	31	62.4	31	1 013.8	31
2011-02	6.1	28	71.6	28	0.8	28	35.6	28	1 006.6	28
2011-03	8.0	31	65.8	31	0.8	31	69.2	31	1 008.6	31
2011-04	14.3	30	69.1	30	0.8	30	62.4	30	1 000.7	30
2011-05	19.7	31	71.4	31	0.7	31	44.4	31	996.4	31
2011-06	23.5	30	87.7	30	0.6	30	392.6	30	991.3	30
2011-07	28.0	31	78.7	31	0.7	31	64.0	31	990.4	31
2011-08	27.0	31	84.1	31	0.7	31	235.6	31	992.0	31
2011-09	22.9	30	81.1	30	0.7	30	135.8	30	997.5	30
2011-10	17.8	31	79.0	31	0.6	31	79.6	31	1 003.4	31
2011-11	15.9	30	84.9	30	0.6	30	172.4	30	1 006.2	30
2011-12	6.3	31	74.3	31	0.6	31	79.0	31	1 012.7	31
2012-01	4.5	31	78.2	31	0.6	31	152.6	31	1 010.5	31
2012-02	4.5	29	78.0	29	0.8	29	83.0	29	1 008.2	29
2012-03	9.5	31	74.4	31	0.9	31	202.0	31	1 005.0	31
2012-04	16.7	30	69.7	30	0.8	30	75.6	30	998.4	30
2012-05	19.7	31	76.0	31	0.7	31	245.6	31	995.9	31
2012-06	23.3	30	86.8	30	0.5	30	215.0	30	990.5	30
2012-07	28.1	21	76.1	23	0.2	31	66.6	31	990.8	29
2012-08	27.1	23	81.3	23	0.6	31	100.4	31	990.1	31
2012-09	22.3	30	80.2	29	0.6	30	164.8	30	998.8	31
2012-10	18.2	31	73.0	24	0.5	31	38.4	31	1 003.3	31
2012-11	11.8	30	77.6	20	0.5	30	164.8	30	1 005.2	30
2012-12	6.1	31	77.2	31	0.8	31	104.2	28	1 009.5	31
2013-01	4.7	31	76.7	26	0.4	31	48.2	31	1 011.1	24
2013-02	6.9	28	85.0	26	0.4	28	129.6	28	1 008.7	28
2013-03	11.0	30	71.2	29	0.7	30	110.6	30	1 003.6	30
2013-04	15.1	30	65.1	25	0.8	30	111.5	30	999.7	30
2013-05	20.4	31	79.3	21	0.6	31	81.7	31	995.7	31

（续）

时间（年-月）	气温/℃	有效数据/条	湿度/%	有效数据/条	风速/（m/s）	有效数据/条	降水量/mm	有效数据/条	大气压/hPa	有效数据/条
2013-06	23.4	30	88.3	20	0.4	30	281.6	30	991.7	30
2013-07	29.3	31	69.4	27	0.7	31	12.2	31	991.7	31
2013-08	28.8	31	73.9	24	0.8	31	273.6	31	991.5	31
2013-09	23.9	30	77.2	20	0.6	30	102.2	30	998.5	30
2013-10	18.9	31	78.5	22	0.7	31	337.6	31	1 003.5	31
2013-11	13.1	30	70.7	24	0.5	30	61.0	30	1 007.3	30
2013-12	6.5	31	66.3	20	0.5	31	148.0	31	1 009.5	31
2014-01	7.2	31	69.7	29	0.3	31	33.2	31	1 010.2	31
2014-02	6.5	28	85.3	27	0.4	28	184.4	28	1 007.5	28
2014-03	11.4	31	73.2	25	0.7	31	82.8	31	1 005.5	31
2014-04	14.8	26	80.5	27	0.7	26	102.0	26	1 001.3	30
2014-05	20.1	31	75.8	23	0.3	31	137.8	31	996.8	31
2014-06	22.2	30	86.7	26	0.2	30	158.4	30	991.2	30
2014-07	26.5	20	85.9	31	0.8	21	134.4	21	991.5	21
2014-08	25.3	31	89.7	31	0.7	31	355.8	28	992.6	31
2014-09	23.1	30	90.5	30	0.9	30	281.3	29	996.5	31
2014-10	19.0	31	76.9	27	0.7	20	7.6	29	1 003.4	20
2014-11	14.3	20	82.7	25	0.5	20	65.1	20	1 006.5	20
2014-12	5.9	31	62.4	24	0.4	31	34.2	31	1 012.0	31
2015-01	6.7	31	68.8	20	0.4	31	76.4	31	1 010.8	31
2015-02	7.0	28	76.0	23	0.4	28	106.8	28	1 008.2	28
2015-03	10.3	31	80.2	27	0.3	31	114.6	31	1 006.5	31
2015-04	15.9	30	69.0	15	0.4	30	91.8	30	1 000.7	30
2015-05	19.4	31	78.5	28	0.3	31	85.0	31	995.2	31
2015-06	23.8	29	87.3	20	0.5	29	174.9	29	991.6	29
2015-07	25.0	29	88.1	31	0.8	29	569.6	29	990.3	29
2015-08	26.2	29	84.9	31	0.8	21	261.9	20	992.7	29
2015-09	22.4	30	86.2	30	0.5	30	346.5	30	998.1	30
2015-10	18.7	31	83.2	23	0.3	31	75.5	31	1 004.0	31
2015-11	14.1	30	91.9	30	0.5	30	289.4	30	1 007.4	30
2015-12	7.8	31	83.5	31	0.9	31	122.6	30	1 011.3	31
2016-01	5.4	31	80.9	21	0.9	31	166.0	31	1 010.8	31
2016-02	7.0	29	68.4	28	0.5	29	57.9	29	1 011.0	29
2016-03	10.6	31	74.3	23	0.4	31	75.0	31	1 006.2	31
2016-04	15.9	30	83.0	29	0.5	30	178.4	28	998.5	30
2016-05	19.9	27	83.7	27	0.5	27	251.9	31	996.7	27
2016-06	23.5	29	89.8	30	0.4	29	349.0	26	992.8	29
2016-07	28.3	31	83.3	31	0.3	31	149.2	30	991.8	31

（续）

时间（年-月）	气温/℃	有效数据/条	湿度/%	有效数据/条	风速/(m/s)	有效数据/条	降水量/mm	有效数据/条	大气压/hPa	有效数据/条
2016 - 08	27.7	31	80.0	31	0.4	31	61.3	29	991.2	31
2016 - 09	23.6	30	86.8	30	0.8	30	490.3	26	996.3	30
2016 - 10	21.1	31	87.1	31	0.8	31	162.5	27	1 001.7	31
2016 - 11	13.2	26	88.4	30	0.8	24	126.2	27	1 006.9	24
2016 - 12	9.3	22	82.4	31	0.7	29	53.9	28	1 009.9	29
2017 - 01	7.4	31	79.8	21	0.4	31	55.2	31	1 010.6	31
2017 - 02	7.1	28	66.1	21	0.5	28	32.2	28	1 010.2	28
2017 - 03	9.9	30	74.9	23	0.4	30	144.6	30	1 005.4	30
2017 - 04	16.4	29	68.7	27	0.4	29	159.0	29	999.4	29
2017 - 05	20.6	27	77.9	25	0.7	27	93.0	26	997.6	31
2017 - 06	22.2	30	89.5	30	0.7	30	341.8	27	993.4	30
2017 - 07	28.8	31	76.8	31	1.0	31	93.7	30	992.9	31
2017 - 08	28.5	25	80.6	23	0.6	25	71.7	25	992.0	31
2017 - 09	23.9	30	86.9	24	0.4	30	188.4	30	996.7	30
2017 - 10	19.0	28	83.2	28	0.8	28	241.6	28	1 004.0	28
2017 - 11	13.3	28	82.7	28	0.4	28	155.2	28	1 007.5	28
2017 - 12	7.4	30	70.5	25	0.3	30	45.4	30	1 011.7	30

表 3 - 26　气象要素的年际动态

年份	气温/℃	湿度/%	10 min 风速/（m/s）	降水/mm	大气压/hPa
2003	—	—	—	—	—
2004	16.5	82.1	0.9	1 691.9	—
2005	16.1	83.9	0.8	1 818.6	—
2006	16.9	86.4	0.7	1 265.4	—
2007	17.1	86.4	0.7	1 515.0	—
2008	16.1	81.1	1.0	1 403.9	—
2009	16.5	77.8	1.0	1 694.7	1 000.9
2010	16.2	78.3	0.7	1 661.3	1 001.1
2011	15.9	76.7	0.7	1 433.0	1 001.6
2012	16.0	77.4	0.6	1 613.0	1 000.5
2013	16.8	75.1	0.6	1 697.8	1 001.0
2014	16.4	79.9	0.6	1 577.0	1 001.3
2015	16.4	81.5	0.5	2 315.0	1 001.4
2016	17.1	82.3	0.6	2 121.6	1 001.2
2017	17.0	78.1	0.6	1 621.8	1 000.9

2003—2017 年多年气象数据统计结果显示，天童站气温最高值出现在 7 月，最低值出现在 1 月，一年内的降水高峰出现在 6～9 月，4 月的空气湿度为全年最低（图 3－5）。

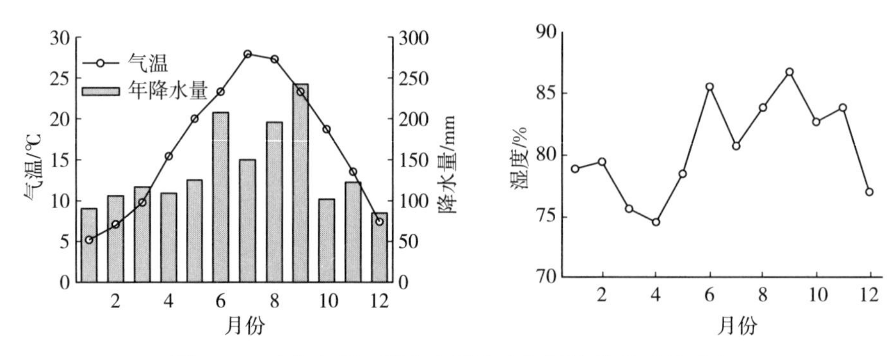

图 3－5 大气气温、降水和湿度多年平均值的季节动态

3.3.2 辐射要素数据集

3.3.2.1 概述

天童综合气象观测场始建于 2003 年，2009 年 4 月移至辅助观测场 1 号样地（木荷林辅助观测场）附近，主要用于常规气象自动监测。本数据集包括该观测场自动气象站 2003—2015 年常规气象观测中辐射气象指标（包括太阳总辐射、太阳净辐射、反射辐射、紫外辐射、光合有效辐射、日照时数）的月尺度和年尺度数据。

3.3.2.2 数据采集和处理方法

数据采集由观测系统配置的数采器自动完成，采样频率为 1 小时 1 次。每个月使用数据采集和分析软件（CERNASC2010）在线下载 1 次原始观测数据，并使用该软件对原始数据进行处理，得到含小时和日尺度的规范数据报表。

3.3.2.3 数据质量控制和评估

（1）原始数据质控措施：剔除无效（如数据值为“////”或“//：//”）或数值明显超出范围的数据项/列。

（2）短时间段（＜3 h）数据插补：采用线性内插方法对短时间段（＜ 3 h）缺失的气象数据进行插补。

（3）对日尺度数据进行缺失插补：建立邻近气象站总辐射与天童站总辐射的拟合方程，对相应缺失数据进行插补；建立天童站总辐射与紫外辐射、反射辐射、净辐射和光合有效辐射的拟合方程，对响应缺失数据进行插补；日照时数使用邻近气象站的数据替代。

（4）小时、日、月尺度数据转换：将一天内小时数据平均/累计得到日平均值/累计值，如果一天内小时尺度数据少于 12 个，则不计算日平均值/累计值，该日按缺失处理。将一个月内的日尺度数据平均/累计，得到月尺度数据，如果当月日尺度数据小于 20 个，则不计算月平均值/累计值，该月按缺失处理。将月值平均值/累计，得到年平均值/累计值。日照以日、月和年累计值为计量单位，其他项目计算平均值。

3.3.2.4 数据使用方法和建议

天童站辐射要素数据集体现了天童地区近 15 年辐射要素的变化情况，能为区域气候变化评估提供基础数据。需要说明的是，2009 年 4 月之前没有进行净辐射、反射辐射、紫外辐射和日照时数的观测。

3.3.2.5 数据

辐射要素的季节动态和年际动态见表 3－27 和表 3－28。

表 3 - 27 辐射要素的季节动态

时间（年-月）	日累计总辐射/（MJ/m²）	有效数据/条	日累计净辐射/（MJ/m²）	有效数据/条	日累计反射辐射/（MJ/m²）	有效数据/条	日累计紫外辐射/（MJ/m²）	有效数据/条	日累计光合有效辐射（mol/m²）	有效数据/条	日照时数/h	有效数据/条
2003 - 04	10.9	22	—	—	—	—	—	—	21.0	22	—	—
2003 - 05	11.1	31	—	—	—	—	—	—	21.0	31	—	—
2003 - 06	12.2	30	—	—	—	—	—	—	22.5	30	—	—
2003 - 07	17.8	31	—	—	—	—	—	—	32.9	31	—	—
2003 - 08	15.2	31	—	—	—	—	—	—	28.1	31	—	—
2003 - 09	13.2	30	—	—	—	—	—	—	24.0	30	—	—
2003 - 10	9.5	31	—	—	—	—	—	—	16.5	31	—	—
2003 - 11	5.3	30	—	—	—	—	—	—	9.1	30	—	—
2003 - 12	5.2	31	—	—	—	—	—	—	8.8	31	—	—
2004 - 01	4.4	31	—	—	—	—	—	—	7.3	31	—	—
2004 - 02	8.1	29	—	—	—	—	—	—	13.0	29	—	—
2004 - 03	7.9	31	—	—	—	—	—	—	13.7	31	—	—
2004 - 04	13.0	30	—	—	—	—	—	—	22.5	30	—	—
2004 - 05	14.1	31	—	—	—	—	—	—	24.2	31	—	—
2004 - 06	12.7	30	—	—	—	—	—	—	21.9	30	—	—
2004 - 07	19.3	31	—	—	—	—	—	—	34.0	31	—	—
2004 - 08	15.1	31	—	—	—	—	—	—	26.3	31	—	—
2004 - 09	8.1	30	—	—	—	—	—	—	13.6	30	—	—
2004 - 10	9.0	31	—	—	—	—	—	—	14.0	31	—	—
2004 - 11	6.0	30	—	—	—	—	—	—	9.2	30	—	—
2004 - 12	3.7	31	—	—	—	—	—	—	5.8	31	—	—
2005 - 01	4.2	31	—	—	—	—	—	—	6.0	31	—	—
2005 - 02	4.1	28	—	—	—	—	—	—	6.2	28	—	—
2005 - 03	10.5	31	—	—	—	—	—	—	16.5	31	—	—
2005 - 04	15.9	30	—	—	—	—	—	—	24.8	30	—	—
2005 - 05	10.3	27	—	—	—	—	—	—	16.3	27	—	—
2005 - 06	—	—	—	—	—	—	—	—	—	—	—	—
2005 - 07	16.7	28	—	—	—	—	—	—	22.4	28	—	—
2005 - 08	14.3	31	—	—	—	—	—	—	21.8	31	—	—
2005 - 09	13.2	30	—	—	—	—	—	—	13.5	30	—	—
2005 - 10	8.1	31	—	—	—	—	—	—	6.3	31	—	—
2005 - 11	4.8	30	—	—	—	—	—	—	6.6	30	—	—
2005 - 12	—	—	—	—	—	—	—	—	—	—	—	—
2006 - 01	4.3	28	—	—	—	—	—	—	19.8	28	—	—

（续）

时间（年-月）	日累计总辐射/（MJ/m²）	有效数据/条	日累计净辐射/（MJ/m²）	有效数据/条	日累计反射辐射/（MJ/m²）	有效数据/条	日累计紫外辐射/（MJ/m²）	有效数据/条	日累计光合有效辐射（mol/m²）	有效数据/条	日照时数/h	有效数据/条
2006-02	5.8	28	—	—	—	—	—	—	21.2	28	—	—
2006-03	11.2	31	—	—	—	—	—	—	20.0	31	—	—
2006-04	14.0	30	—	—	—	—	—	—	13.3	30	—	—
2006-05	10.2	28	—	—	—	—	—	—	14.6	28	—	—
2006-06	14.3	30	—	—	—	—	—	—	30.7	30	—	—
2006-07	15.5	31	—	—	—	—	—	—	33.6	31	—	—
2006-08	18.3	20	—	—	—	—	—	—	21.8	29	—	—
2006-09	9.3	30	—	—	—	—	—	—	22.8	30	—	—
2006-10	9.4	31	—	—	—	—	—	—	16.2	31	—	—
2006-11	4.5	30	—	—	—	—	—	—	9.0	30	—	—
2006-12	4.4	31	—	—	—	—	—	—	5.7	31	—	—
2007-01	4.6	24	—	—	—	—	—	—	6.7	24	—	—
2007-02	8.4	28	—	—	—	—	—	—	16.1	28	—	—
2007-03	9.3	31	—	—	—	—	—	—	17.8	31	—	—
2007-04	11.0	30	—	—	—	—	—	—	20.1	30	—	—
2007-05	13.8	31	—	—	—	—	—	—	25.6	31	—	—
2007-06	11.1	30	—	—	—	—	—	—	22.0	30	—	—
2007-07	18.2	23	—	—	—	—	—	—	17.8	23	—	—
2007-08	13.2	31	—	—	—	—	—	—	9.2	31	—	—
2007-09	8.3	30	—	—	—	—	—	—	5.8	30	—	—
2007-10	5.3	31	—	—	—	—	—	—	3.5	31	—	—
2007-11	2.8	30	—	—	—	—	—	—	1.9	30	—	—
2007-12	2.0	31	—	—	—	—	—	—	1.3	31	—	—
2008-01	1.6	31	—	—	—	—	—	—	1.0	31	—	—
2008-02	3.9	29	—	—	—	—	—	—	2.5	29	—	—
2008-03	10.3	31	—	—	—	—	—	—	17.9	26	—	—
2008-04	11.3	30	—	—	—	—	—	—	21.2	30	—	—
2008-05	16.0	31	—	—	—	—	—	—	29.8	31	—	—
2008-06	9.8	30	—	—	—	—	—	—	18.9	30	—	—
2008-07	17.5	31	—	—	—	—	—	—	34.7	31	—	—
2008-08	14.9	31	—	—	—	—	—	—	29.1	31	—	—
2008-09	11.2	30	—	—	—	—	—	—	22.4	30	—	—
2008-10	9.3	31	—	—	—	—	—	—	18.5	31	—	—
2008-11	6.9	30	—	—	—	—	—	—	13.1	30	—	—
2008-12	8.2	31	—	—	—	—	—	—	14.6	31	—	—
2009-01	6.9	31	—	—	—	—	—	—	12.9	31	—	—
2009-02	5.8	38	—	—	—	—	—	—	11.0	28	—	—

（续）

时间（年-月）	日累计总辐射/（MJ/m²）	有效数据/条	日累计净辐射/（MJ/m²）	有效数据/条	日累计反射辐射/（MJ/m²）	有效数据/条	日累计紫外辐射/（MJ/m²）	有效数据/条	日累计光合有效辐射（mol/m²）	有效数据/条	日照时数/h	有效数据/条
2009-03	9.1	31	—	—	—	—	—	—	16.7	31	—	—
2009-04	15.9	28	6.2	28	2.7	28	0.6	28	25.6	28	138.9	28
2009-05	20.7	31	8.2	31	4.1	31	0.8	31	32.9	31	161.4	31
2009-06	16.3	30	4.4	27	1.9	27	0.6	27	31.4	30	95.0	27
2009-07	16.1	31	5.1	30	2.1	30	0.6	30	32.7	31	119.7	30
2009-08	12.2	31	3.1	31	1.5	31	0.5	31	26.0	31	98.9	31
2009-09	10.9	29	2.6	29	1.3	29	0.4	30	23.3	30	88.5	30
2009-10	13.7	30	4.0	30	2.0	30	0.5	30	18.2	30	126.7	30
2009-11	7.8	30	1.0	30	0.8	30	0.2	30	8.4	30	40.4	30
2009-12	10.4	30	1.0	31	1.1	31	0.2	31	9.7	31	87.4	31
2010-01	9.1	31	1.8	31	1.0	31	0.3	31	10.0	31	77.5	31
2010-02	8.9	28	1.8	28	1.0	28	0.3	28	9.7	28	49.8	28
2010-03	11.6	31	3.3	29	1.5	31	0.4	31	14.1	31	96.8	31
2010-04	—	—	—	—	—	—	—	—	—	—	—	—
2010-05	15.2	30	6.0	30	2.1	30	0.6	30	20.4	30	97.8	30
2010-06	13.5	30	5.1	30	1.7	30	0.5	30	17.5	30	58.4	30
2010-07	16.4	31	7.3	31	2.2	31	0.7	31	22.3	31	102.0	31
2010-08	19.1	30	8.4	31	3.1	31	0.8	31	27.1	31	171.0	31
2010-09	13.1	30	5.0	30	1.6	30	0.5	30	16.8	30	91.8	30
2010-10	10.4	31	2.6	31	1.2	31	0.3	31	11.7	31	73.9	31
2010-11	10.0	30	1.8	30	1.2	30	0.3	30	10.6	30	87.5	30
2010-12	9.7	31	1.2	30	1.0	29	0.3	31	10.4	31	113.4	31
2011-01	8.4	31	1.1	31	0.9	30	0.2	31	8.6	31	70.9	31
2011-02	10.2	28	2.9	28	1.2	28	0.4	28	12.8	28	91.0	28
2011-03	14.3	31	4.7	31	1.7	31	0.5	31	17.7	31	138.4	31
2011-04	15.9	30	5.8	30	1.9	30	0.6	30	20.5	30	131.7	30
2011-05	16.9	31	6.6	31	2.1	31	0.6	31	22.1	31	112.3	31
2011-06	13.3	30	5.3	30	1.5	30	0.5	30	17.4	30	58.8	30
2011-07	18.2	31	9.1	31	2.6	31	0.8	31	27.3	31	145.8	31
2011-08	15.7	31	6.9	31	2.0	31	0.6	31	21.9	31	118.2	31
2011-09	13.7	30	5.3	30	1.8	30	0.5	30	17.7	30	100.6	30
2011-10	11.3	31	3.2	31	1.3	31	0.4	31	13.3	31	85.8	31
2011-11	8.9	30	1.7	30	0.9	30	0.3	30	8.7	30	68.8	30
2011-12	8.3	30	0.9	31	0.8	31	0.2	31	7.8	31	71.9	31
2012-01	7.2	31	0.7	31	0.6	31	0.2	31	6.2	31	40.9	31
2012-02	8.0	29	1.5	29	0.7	29	0.2	29	7.4	29	46.6	29
2012-03	12.0	31	3.9	31	1.3	31	0.4	31	12.8	31	95.7	31

（续）

时间（年-月）	日累计总辐射/（MJ/m²）	有效数据/条	日累计净辐射/（MJ/m²）	有效数据/条	日累计反射辐射/（MJ/m²）	有效数据/条	日累计紫外辐射/（MJ/m²）	有效数据/条	日累计光合有效辐射（mol/m²）	有效数据/条	日照时数/h	有效数据/条
2012-04	15.7	30	6.2	30	1.8	30	0.6	30	18.8	30	123.3	30
2012-05	15.2	31	6.1	31	1.9	31	0.6	31	18.3	31	94.0	31
2012-06	12.5	30	4.9	30	1.5	30	0.5	30	14.2	30	54.1	30
2012-07	20.7	23	9.7	31	2.8	31	1.8	30	25.8	31	76.3	31
2012-08	16.7	23	6.7	31	2.2	31	1.1	31	17.8	31	107.7	31
2012-09	13.9	29	5.3	30	1.8	30	0.5	30	14.4	30	113.6	30
2012-10	13.7	30	4.7	31	1.9	31	0.5	31	15.0	31	147.9	31
2012-11	7.3	30	1.7	30	1.1	30	0.3	30	8.4	30	88.4	30
2012-12	—	—	—	—	—	—	—	—	—	—	—	—
2013-01	7.4	31	1.7	31	0.7	31	0.2	31	6.7	31	80.1	31
2013-02	7.3	28	1.6	28	1.4	26	0.4	28	5.9	28	32.4	28
2013-03	12.9	30	4.5	30	1.9	30	0.6	30	12.8	30	116.8	30
2013-04	16.2	30	6.5	30	2.1	30	0.7	30	17.0	30	135.1	30
2013-05	16.7	31	7.8	31	1.4	31	0.5	31	18.0	31	118.8	31
2013-06	11.5	30	4.9	30	3.0	30	0.9	30	11.1	30	57.0	30
2013-07	20.1	31	10.0	31	2.3	31	0.8	31	24.3	31	183.4	31
2013-08	17.2	31	7.9	31	1.9	31	0.6	31	21.3	31	148.6	31
2013-09	13.8	30	6.0	30	1.3	30	0.3	30	17.0	30	120.6	30
2013-10	—	—	—	—	—	—	—	—	—	—	—	—
2013-11	9.7	30	1.7	30	1.4	30	0.3	30	10.4	30	102.7	30
2013-12	9.6	31	1.1	31	0.8	31	0.2	31	9.7	31	116.4	31
2014-1	10.5	31	1.9	31	1.7	31	0.5	31	11.3	31	118.0	31
2014-2	7.9	28	1.3	28	1.7	26	0.5	28	7.7	28	45.8	28
2014-3	13.6	31	4.8	31	2.0	31	0.6	31	16.9	31	122.0	31
2014-4	13.7	28	4.3	22	1.7	28	0.5	28	17.0	28	64.0	30
2014-5	14.5	31	6.6	31	1.7	31	0.6	31	18.4	31	102.6	31
2014-6	12.0	30	5.2	30	1.2	30	0.3	30	14.2	30	61.1	30
2014-7	13.3	20	6.4	21	1.0	21	0.3	21	15.9	21	115.1	20
2014-8	—	—	—	—	—	—	—	—	—	—	—	—
2014-9	—	—	—	—	—	—	—	—	—	—	—	—
2014-10	9.5	22	2.8	22	1.1	22	0.3	28	9.5	22	103.4	21
2014-11	9.1	20	1.7	20	1.3	20	0.4	20	8.2	20	65.7	20
2014-12	9.8	31	1.2	31	2.0	31	0.6	31	8.8	31	119.0	31
2015-01	8.8	31	1.3	31	1.9	31	0.6	31	7.7	31	88.2	31
2015-02	9.4	28	1.8	28	1.5	28	0.5	28	8.5	28	70.3	28
2015-03	11.5	31	3.9	31	1.8	31	0.6	31	11.5	31	85.5	31
2015-04	15.8	30	6.3	30	2.0	30	0.6	30	16.6	30	125.0	30

（续）

时间（年-月）	日累计总辐射/（MJ/m²）	有效数据/条	日累计净辐射/（MJ/m²）	有效数据/条	日累计反射辐射/（MJ/m²）	有效数据/条	日累计紫外辐射/（MJ/m²）	有效数据/条	日累计光合有效辐射（mol/m²）	有效数据/条	日照时数/h	有效数据/条
2015-05	15.6	31	6.5	31	1.7	31	0.5	31	17.3	31	99.6	31
2015-06	13.3	30	5.6	30	1.5	30	0.4	30	14.7	30	67.3	30
2015-07	14.2	29	5.9	29	0.6	29	0.2	29	15.7	29	90.0	29
2015-08	14.5	20	6.1	29	0.7	29	0.2	31	16.3	29	118.6	20
2015-09	13.1	30	4.7	30	1.3	30	0.4	30	13.8	30	88.8	30
2015-10	11.9	31	3.5	31	1.5	31	0.5	31	12.0	31	100.0	31
2015-11	7.1	30	0.8	30	1.5	30	0.5	30	5.8	30	31.1	30
2015-12	—	—	—	—	1.9	—	—	—	—	—	—	—
2016-01	7.9	31	1.0	31	1.8	31	0.6	31	6.4	31	63.4	31
2016-02	11.9	29	3.2	29	2.7	29	0.8	29	11.6	29	119.5	29
2016-03	13.5	31	4.6	31	2.6	31	0.8	31	13.4	31	110.5	31
2016-04	13.3	30	5.0	30	1.4	30	0.4	30	13.3	30	86.8	30
2016-05	14.9	27	6.0	27	0.9	27	0.3	27	15.1	27	78.5	27
2016-06	14.0	29	6.0	29	1.2	29	0.4	29	14.5	29	77.5	29
2016-07	19.1	31	9.4	31	0.8	31	0.2	31	20.9	31	146.9	31
2016-08	18.2	31	8.5	31	0.8	31	0.2	31	19.7	31	155.4	31
2016-09	11.4	30	3.8	30	1.2	30	0.3	30	10.9	30	68.5	30
2016-10	9.0	31	2.4	31	1.3	31	0.4	31	7.7	31	39.3	31
2016-11	—	—	—	—	—	—	—	—	—	—	—	—
2016-12	8.1	20	1.2	20	2.1	27	0.6	27	6.6	29	72.5	29
2017-01	8.3	31	1.6	31	2.5	31	0.7	31	7.0	31	71.9	31
2017-02	10.8	28	3.1	28	1.3	28	0.4	28	9.9	28	93.5	28
2017-03	11.4	30	3.6	30	1.1	30	0.4	30	11.3	30	89.5	30
2017-04	17.4	29	6.7	29	0.8	29	0.2	29	18.1	29	143.3	29
2017-05	15.1	27	5.8	27	0.9	21	0.2	21	15.4	21	120.1	27
2017-06	—	—	—	—	—	—	—	—	—	—	—	—
2017-07	—	—	—	—	—	—	—	—	—	—	—	—
2017-08	17.9	25	8.2	25	2.5	25	0.7	25	19.3	25	147.6	25
2017-09	12.1	30	4.2	30	1.3	30	0.4	30	11.8	30	80.6	30
2017-10	10.4	30	2.8	30	1.1	30	0.4	30	9.0	30	64.0	30
2017-11	8.3	28	1.3	28	0.8	28	0.2	28	6.4	28	56.6	28
2017-12	8.9	30	0.9	30	0.9	30	0.2	30	6.8	30	91.5	30

表 3-28 辐射要素的年际动态

年份	日累计总辐射/（MJ/m²）	日累计净辐射/（MJ/m²）	日累计反射辐射/（MJ/m²）	日累计紫外辐射/（MJ/m²）	日累计光合有效辐射/（MJ/m²）	日照时数
2003	11.2	—	—	—	20.4	—
2004	10.1	—	—	—	17.1	—
2005	10.2	—	—	—	14.0	—
2006	10.1	—	—	—	19.1	—
2007	9.0	—	—	—	12.3	—
2008	10.1	—	—	—	18.6	—
2009	12.2	4.0	1.9	0.5	20.7	956.9
2010	12.5	4.0	1.6	0.5	15.5	1 019.9
2011	12.9	4.5	1.6	0.5	16.3	1 194.2
2012	13.0	4.7	1.6	0.6	14.5	998.5
2013	12.9	4.9	1.7	0.5	14.0	1 211.9
2014	11.4	3.6	1.5	0.5	12.8	916.7
2015	12.3	4.2	1.5	0.5	12.7	964.4
2016	12.7	4.6	1.6	0.5	12.7	1 018.8
2017	12.1	3.8	1.3	0.4	11.5	958.6

3.3.3 土壤温度数据集

3.3.3.1 概述

天童综合气象观测场始建于 2003 年，2009 年 4 月移至辅助观测场 1 号样地（木荷林辅助观测场）附近，主要用于常规气象自动监测。本数据集包括该观测场自动气象站 2003—2015 年常规气象观测中土壤温度指标［包括不同深度的土壤温度（0 cm、5 cm、10 cm、15 cm、20 cm、40 cm、60 cm、100 cm）］等的月尺度和年尺度平均值。

3.3.3.2 数据采集和处理方法

数据采集由观测系统配置的数采器自动完成，采样频率为 1 小时 1 次。每个月使用数据采集和分析软件（CERNASC2010）在线下载 1 次原始观测数据，并使用该软件对原始数据进行处理，得到含小时和日尺度的规范数据报表。

3.3.3.3 数据质量控制和评估

（1）原始数据质控措施：剔除无效（如数据值为“////”或“//：//”）或数值明显超出范围的数据项/列。

（2）短时间段（<3 h）数据插补：采用线性内插方法对短时间段（< 3 h）缺失的气象数据进行插补。

（3）对日尺度数据进行缺失插补：建立天童站气温和土壤温度的拟合方程，对缺失的土壤数据进行插补。

（4）小时、日、月尺度数据转换：将一天内小时数据平均/累计得到日平均值/累计值，如果一天内小时尺度数据少于 12 个，则不计算日平均值/累计值，该日按缺失处理。将一个月内的日尺度数据平均/累计，得到月尺度数据，如果当月日尺度数据小于 20 个，则不计算月平均值/累计值，该月按缺失处理。将月值平均值/累计，得到年平均值/累计值。

3.3.3.4 数据使用方法和建议

天童站土壤温度数据集体现了天童地区近10年土壤剖面不同深度温度的变化情况，能为区域气候变化评估提供基础数据。需要说明的是，2009年4月前没有进行土壤温度观测。

3.3.3.5 数据

表3-29至表3-31为土壤温度的季节动态数据。

表3-29 土壤温度的季节动态-1

时间（年-月）	0 cm土壤温度/℃	有效数据/条	5 cm土壤温度/℃	有效数据/条	10 cm土壤温度/℃	有效数据/条	15 cm土壤温度/℃	有效数据/条	20 cm土壤温度/℃	有效数据/条
2009-01	—	—	—	—	—	—	—	—	—	—
2009-02	—	—	—	—	—	—	—	—	—	—
2009-03	—	—	—	—	—	—	—	—	—	—
2009-04	16.1	27	16.6	27	16.0	27	16.0	27	15.8	27
2009-05	21.9	31	22.4	31	21.8	31	21.7	31	21.5	31
2009-06	25.5	30	26.9	30	25.3	30	25.2	30	25.0	30
2009-07	28.2	31	29.7	31	27.9	31	27.7	31	27.5	31
2009-08	27.6	31	29.2	31	27.4	31	27.2	31	27.0	31
2009-09	25.2	28	26.6	28	25.1	28	25.1	27	24.9	28
2009-10	20.6	30	21.2	30	20.8	30	21.0	30	21.0	30
2009-11	13.2	30	12.8	30	13.7	30	14.1	30	14.3	30
2009-12	7.7	31	7.1	31	8.2	31	8.6	31	8.9	31
2010-01	6.8	31	6.5	31	7.1	31	7.3	31	7.5	31
2010-02	8.3	28	8.2	28	8.5	28	8.7	28	8.7	28
2010-03	10.4	31	10.7	31	10.5	31	10.5	31	10.5	31
2010-04	14.2	30	14.7	30	14.1	30	14.1	30	14.0	30
2010-05	20.6	30	21.9	30	20.4	30	20.3	30	20.1	30
2010-06	23.4	30	25.3	30	23.2	30	23.1	30	22.8	30
2010-07	28.6	31	31.5	27	28.3	31	28.2	31	27.9	31
2010-08	32.6	31	34.5	21	32.3	31	32.2	31	31.8	31
2010-09	26.7	30	28.4	28	26.7	30	26.8	30	26.7	30
2010-10	19.4	31	21.6	30	19.7	31	19.8	31	19.9	31
2010-11	14.0	30	14.6	30	14.3	30	14.5	30	14.7	30
2010-12	8.9	31	8.9	31	9.3	31	9.6	31	9.9	31
2011-01	3.6	31	3.4	31	4.1	31	4.4	31	4.7	31
2011-02	7.1	28	7.9	28	7.2	28	7.3	28	7.3	28
2011-03	10.6	31	11.9	31	10.6	31	10.6	31	10.5	31
2011-04	16.3	30	18.9	29	16.2	30	16.1	30	15.9	30
2011-05	22.0	31	24.6	23	21.7	31	21.6	31	21.3	31
2011-06	25.1	30	27.9	20	24.9	30	24.7	30	24.5	30
2011-07	29.3	31	31.6	25	29.1	31	28.9	31	28.6	31
2011-08	28.8	31	30.8	23	28.7	31	28.6	31	28.4	31
2011-09	25.0	30	26.9	26	25.1	30	25.2	30	25.1	30
2011-10	19.4	31	21.4	29	19.7	31	19.9	31	20.0	31
2011-11	16.9	30	18.0	30	17.1	30	17.3	30	17.3	30

（续）

时间（年-月）	0 cm 土壤温度/℃	有效数据/条	5 cm 土壤温度/℃	有效数据/条	10 cm 土壤温度/℃	有效数据/条	15 cm 土壤温度/℃	有效数据/条	20 cm 土壤温度/℃	有效数据/条
2011-12	8.7	31	8.6	31	9.3	31	9.6	31	9.9	31
2012-01	6.5	31	6.5	31	6.9	31	7.2	31	7.4	31
2012-02	6.7	29	6.9	29	6.9	29	7.1	29	7.2	29
2012-03	11.1	31	11.5	31	11.0	31	10.9	31	10.8	31
2012-04	18.1	30	17.9	30	17.9	30	17.7	30	17.5	30
2012-05	21.6	31	21.5	31	21.4	31	21.3	31	21.1	31
2012-06	24.6	30	24.7	30	24.4	30	24.2	30	24.0	30
2012-07	29.5	23	31.2	24	29.2	23	29.0	23	28.6	23
2012-08	29.1	23	30.3	21	28.7	23	28.6	23	28.3	23
2012-09	23.8	27	24.7	27	23.7	25	23.7	27	23.6	27
2012-10	19.5	31	20.7	31	19.6	31	19.6	31	19.5	31
2012-11	13.3	30	14.2	30	13.6	30	13.8	30	13.8	30
2012-12	7.8	31	8.4	31	8.4	31	8.6	31	8.7	31
2013-01	5.8	24	6.1	24	6.2	25	6.4	22	6.6	24
2013-02	8.3	28	8.8	28	8.5	28	8.6	28	8.6	28
2013-03	12.6	30	12.5	30	12.6	30	12.6	30	12.5	30
2013-04	16.3	30	16.1	30	16.0	30	15.9	30	15.7	30
2013-05	21.5	31	21.3	31	21.3	31	21.2	31	20.9	31
2013-06	23.6	30	24.1	30	23.4	30	23.3	30	23.1	30
2013-07	29.8	31	31.0	30	29.3	31	29.1	31	28.7	31
2013-08	31.2	31	31.5	23	30.9	31	30.8	31	30.5	31
2013-09	25.7	30	24.6	30	25.7	30	25.7	30	25.7	30
2013-10	20.1	31	19.7	31	20.3	31	20.5	31	20.5	31
2013-11	14.3	30	14.1	30	14.7	30	15.0	30	15.2	30
2013-12	7.6	31	7.4	31	8.1	31	8.4	31	8.7	31
2014-01	7.2	31	7.2	31	7.2	31	7.4	31	7.5	31
2014-02	6.7	28	8.5	28	8.1	28	8.2	28	8.3	28
2014-03	11.4	31	15.3	31	12.5	31	12.5	31	12.3	31
2014-04	15.5	26	18.6	29	16.1	30	16.0	30	15.9	30
2014-05	20.1	31	23.7	24	19.9	31	19.8	31	19.6	31
2014-06	22.2	30	25.1	23	22.4	30	22.3	30	22.2	30
2014-07	27.2	21	29.2	24	26.8	21	26.6	21	26.3	21
2014-08	26.4	31	27.9	31	26.2	31	26.1	31	25.9	31
2014-09	24.3	31	25.7	30	24.1	30	24.1	30	23.9	30
2014-10	19.9	31	22.1	20	20.4	20	20.5	24	20.4	20
2014-11	14.8	20	16.3	20	15.6	20	15.8	20	15.8	20
2014-12	5.9	31	7.1	31	8.2	31	8.6	31	8.9	31
2015-01	7.5	31	7.6	31	7.8	31	8.0	31	8.2	31

（续）

时间（年-月）	0 cm土壤温度/℃	有效数据/条	5 cm土壤温度/℃	有效数据/条	10 cm土壤温度/℃	有效数据/条	15 cm土壤温度/℃	有效数据/条	20 cm土壤温度/℃	有效数据/条
2015-02	8.5	28	9.0	28	8.6	28	8.7	28	8.8	28
2015-03	11.8	31	13.7	29	11.7	31	11.7	31	11.6	31
2015-04	17.4	30	20.9	26	17.1	30	17.0	30	16.7	30
2015-05	21.4	31	24.3	26	21.1	31	21.1	31	20.8	31
2015-06	25.0	29	26.8	29	24.8	29	24.6	29	24.4	29
2015-07	26.4	29	28.5	21	26.2	29	26.1	29	25.9	29
2015-08	27.5	29	30.6	29	27.4	20	27.4	21	27.2	20
2015-09	24.0	30	26.9	30	24.2	30	24.2	30	24.2	30
2015-10	20.7	31	23.6	30	20.9	31	21.1	31	21.1	31
2015-11	15.8	30	15.7	29	16.1	30	16.3	30	16.4	30
2015-12	9.4	21	10.1	31	9.9	31	10.1	31	10.2	31
2016-01	7.2	31	7.3	31	7.5	31	7.8	31	8.0	31
2016-02	8.2	29	9.2	29	8.3	29	8.4	29	8.4	29
2016-03	12.5	31	12.4	31	12.5	31	12.5	31	12.4	31
2016-04	17.5	30	17.2	30	17.3	30	17.3	30	17.0	30
2016-05	21.4	27	21.1	27	21.2	27	21.1	27	20.9	27
2016-06	25.2	29	24.4	29	25.0	29	24.8	29	24.6	29
2016-07	30.4	31	28.5	31	30.2	31	30.0	31	29.6	31
2016-08	30.2	31	29.1	31	30.2	31	30.1	31	29.9	31
2016-09	25.0	30	24.8	30	25.1	30	25.1	30	25.0	30
2016-10	22.5	31	22.7	31	22.7	31	22.8	31	22.9	31
2016-11	14.9	24	15.7	24	15.2	26	15.3	27	15.4	24
2016-12	11.1	29	11.6	29	11.5	28	11.7	29	11.9	29
2017-01	9.0	31	9.3	31	9.3	31	9.6	31	9.7	31
2017-02	8.6	28	9.2	28	8.9	28	9.1	28	9.2	28
2017-03	11.5	30	12.8	30	11.6	30	11.7	30	11.6	30
2017-04	17.5	29	22.3	28	17.3	29	17.2	29	17.0	29
2017-05	21.8	31	25.6	26	21.7	31	21.6	31	21.4	31
2017-06	24.3	30	26.4	29	24.1	30	24.1	30	23.9	30
2017-07	31.0	31	33.4	20	30.8	31	30.7	31	30.3	31
2017-08	30.1	31	32.8	22	30.2	31	30.1	31	29.9	31
2017-09	25.6	30	27.5	28	25.7	30	25.8	30	25.8	30
2017-10	20.6	28	22.2	27	20.9	28	21.0	28	21.1	28
2017-11	14.8	28	15.6	28	15.1	28	15.3	28	15.5	28
2017-12	8.2	30	8.4	30	8.7	30	9.0	30	9.3	30

表 3-30　土壤温度的季节动态-2

时间（年-月）	40 cm 土壤温度/℃	有效数据/条	60 cm 土壤温度/℃	有效数据/条	100 cm 土壤温度/℃	有效数据/条
2009-01	—	—	—	—	—	
2009-02	—	—	—	—	—	
2009-03	—	—	—	—	—	
2009-04	15.3	27	14.9	27	14.3	27
2009-05	20.6	31	19.9	31	18.5	31
2009-06	24.2	30	23.8	30	22.9	30
2009-07	26.5	31	25.8	31	24.6	31
2009-08	26.0	31	25.4	31	24.3	31
2009-09	24.4	28	24.0	28	23.3	28
2009-10	21.5	30	21.8	30	22.4	30
2009-11	15.7	30	16.7	30	18.4	30
2009-12	10.5	31	11.7	31	13.8	31
2010-01	8.6	31	9.4	31	11.2	31
2010-02	9.3	28	9.7	28	10.8	28
2010-03	10.7	31	10.8	31	11.3	31
2010-04	13.6	30	13.4	30	13.2	30
2010-05	19.1	30	18.5	30	17.2	30
2010-06	21.8	30	21.1	30	19.8	30
2010-07	26.7	31	25.8	31	24.0	31
2010-08	30.3	31	29.2	31	27.1	31
2010-09	26.7	30	26.5	30	26.1	30
2010-10	20.7	31	21.1	31	21.9	31
2010-11	15.7	30	16.5	30	18.0	30
2010-12	11.4	31	12.5	31	14.5	31
2011-01	6.4	31	7.7	31	10.1	31
2011-02	7.7	28	8.1	28	9.4	28
2011-03	10.6	31	10.7	31	11.0	31
2011-04	15.1	30	14.6	30	13.8	30
2011-05	20.2	31	19.5	31	18.0	31
2011-06	23.5	30	22.8	30	21.4	30
2011-07	27.4	31	26.5	31	24.7	31
2011-08	27.8	31	27.2	31	26.1	31
2011-09	25.3	30	25.2	30	25.0	30
2011-10	20.7	31	21.2	31	21.9	31
2011-11	18.0	30	18.5	30	19.3	30
2011-12	11.7	31	12.9	31	15.0	31
2012-01	8.6	31	9.6	31	11.5	31

（续）

时间（年-月）	40 cm 土壤温度/℃	有效数据/条	60 cm 土壤温度/℃	有效数据/条	100 cm 土壤温度/℃	有效数据/条
2012-02	8.1	29	8.7	29	10.1	29
2012-03	10.4	31	10.3	31	10.5	31
2012-04	16.5	30	15.8	30	14.8	30
2012-05	20.3	31	19.7	31	18.4	31
2012-06	22.9	30	22.3	30	21.0	30
2012-07	27.2	31	26.3	23	24.6	23
2012-08	27.3	23	26.7	23	25.6	23
2012-09	23.1	28	22.9	27	22.4	27
2012-10	19.3	31	19.2	31	19.1	31
2012-11	14.2	30	14.5	30	15.1	30
2012-12	9.7	31	10.3	31	11.5	31
2013-01	7.6	24	8.4	24	9.9	24
2013-02	9.1	28	9.5	28	10.6	28
2013-03	12.3	30	12.3	30	12.3	30
2013-04	15.1	30	14.7	30	14.2	30
2013-05	19.8	31	19.1	31	17.8	31
2013-06	22.3	30	21.8	30	20.6	30
2013-07	27.1	31	26.1	31	24.0	31
2013-08	29.5	31	28.6	31	26.9	31
2013-09	25.7	30	25.6	30	25.4	30
2013-10	21.2	31	21.6	31	22.4	31
2013-11	16.5	30	17.4	30	18.9	30
2013-12	10.5	31	11.8	31	14.1	31
2014-01	8.5	31	9.3	31	11.1	31
2014-02	9.0	28	9.6	28	10.8	28
2014-03	12.0	31	11.8	31	11.8	31
2014-04	15.5	30	15.2	30	14.8	30
2014-05	18.8	31	18.2	31	17.2	31
2014-06	21.5	30	21.1	30	20.0	30
2014-07	25.3	21	24.6	21	23.4	21
2014-08	25.0	31	24.5	31	23.5	31
2014-09	23.3	30	22.8	30	22.1	30
2014-10	20.4	30	20.4	20	20.4	21
2014-11	16.4	20	16.9	20	17.7	20
2014-12	10.8	31	12.1	31	14.5	31
2015-01	9.3	31	10.1	31	11.8	31
2015-02	9.4	28	9.9	28	11.1	28

（续）

时间（年-月）	40 cm 土壤温度/℃	有效数据/条	60 cm 土壤温度/℃	有效数据/条	100 cm 土壤温度/℃	有效数据/条
2015-03	11.4	31	11.5	31	11.8	31
2015-04	15.9	30	15.5	30	14.9	30
2015-05	19.8	31	19.2	31	18.0	31
2015-06	23.2	29	22.4	29	20.9	29
2015-07	25.1	29	24.6	29	23.5	29
2015-08	26.6	26	26.2	29	25.3	28
2015-09	24.2	30	24.3	30	24.2	30
2015-10	21.6	31	22.0	31	22.5	31
2015-11	17.4	30	18.1	30	19.2	30
2015-12	11.0	31	11.5	31	12.6	31
2016-01	9.3	31	10.3	31	12.2	31
2016-02	8.8	29	9.2	29	10.3	29
2016-03	12.2	31	12.2	31	12.4	31
2016-04	16.3	30	15.9	30	15.1	30
2016-05	20.0	27	19.5	27	18.5	27
2016-06	23.6	29	22.9	29	21.6	29
2016-07	28.2	31	27.3	31	25.5	31
2016-08	29.1	31	28.5	31	27.1	31
2016-09	25.0	30	25.0	30	24.9	30
2016-10	23.2	31	23.4	31	23.6	31
2016-11	15.9	24	16.2	24	16.8	25
2016-12	12.7	29	13.3	29	14.3	28
2017-01	10.9	31	11.7	31	13.5	31
2017-02	10.1	28	10.7	28	12.1	28
2017-03	11.8	30	12.0	30	12.6	30
2017-04	16.4	29	16.0	29	15.5	29
2017-05	20.5	31	19.8	31	18.7	31
2017-06	23.1	30	22.6	30	21.5	30
2017-07	28.8	31	27.7	31	25.5	31
2017-08	29.2	31	28.5	31	27.1	31
2017-09	25.8	30	25.7	30	25.5	30
2017-10	21.6	28	21.9	28	22.4	28
2017-11	16.5	28	17.2	28	18.6	28
2017-12	10.8	30	11.9	30	14.1	30

表3-31 土壤温度的年际动态

年份	土壤温度/℃							
	0 cm	5 cm	10cm	15 cm	20 cm	40 cm	60 cm	100 cm
2009	20.7	21.4	20.7	20.7	20.7	20.5	20.4	20.3
2010	17.8	18.9	17.9	17.9	17.9	17.9	17.9	17.9
2011	17.7	19.3	17.8	17.9	17.8	17.9	17.9	18.0
2012	17.6	18.2	17.6	17.6	17.5	17.3	17.2	17.1
2013	18.1	18.1	18.1	18.1	18.1	18.1	18.1	18.1
2014	16.8	18.9	17.3	17.3	17.3	17.2	17.2	17.3
2015	18.0	19.8	18.0	18.0	18.0	17.9	17.9	18.0
2016	18.8	18.7	18.9	18.9	18.8	18.7	18.6	18.5
2017	18.6	20.5	18.7	18.8	18.7	18.8	18.8	18.9

第4章

台站特色研究数据集

4.1 森林小气候数据集

4.1.1 森林小气候大气要素数据集

4.1.1.1 概述

天童森林小气候监测系统位于栲树林综合观测场附近，主要用于观测森林微气象的垂直梯度（冠层上方至表层土壤）特征。本数据集包括该系统 2006—2011 年森林小气候监测项目：降水量（34 m）、林内穿透雨、风速（34 m）、温度（34 m、14 m、10 m 和 2 m）、湿度（34 m、14 m、10 m 和 2 m），包括月尺度和年尺度两个时间分辨率数据。

4.1.1.2 数据采集和处理方法

数据采集由数采器完成，采样频率为 1 小时 1 次。每半个月使用数据采集软件（MyLogger）在线下载一次观测数据。

4.1.1.3 数据质量控制和评估

（1）原始数据质控措施：剔除无效或数值明显超出范围的数据项/列。

（2）数据插补：采用线性内插方法对短时间段（< 3 h）缺失的部分气象数据进行插补。

（3）小时、日、月尺度数据转换：将一天内小时数据平均/累计得到日平均值/累计值，如果一天内小时尺度数据少于 12 个，则不计算日平均值/累计值，该日按缺失处理。将一个月内的日尺度数据平均/累计，得到月尺度数据，如果当月日尺度数据小于 20 个，则不计算月平均值/累计值，该月按缺失处理。将月值进行平均值/累计，得到年平均值/累计值。34 m 降水量和林内穿透雨以日、月和年累计值为计量单位，其他项目计算平均值。

4.1.1.4 数据价值

天童森林小气候大气要素数据集体现了天童地区常绿阔叶林冠层上方及林冠内大气要素的垂直梯度特征，能为森林微气象的时空动态评价提供基础数据。

4.1.1.5 数据

森林小气候大气气象要素季节动态见表 4-1。

表 4-1 森林小气候大气气象要素季节动态

时间（年-月）	34 m 降水量/mm	穿透雨/mm	风速/(m/s)	气温/℃				湿度/%			
				2 m	10 m	14 m	34 m	2 m	10 m	14 m	34 m
2006-06	150.4	157.2	1.1	23.1	23.3	23.3	23.4	88.3	83.3	86.0	82.8
2006-07	117.4	97.9	1.5	27.3	27.5	27.5	27.6	86.6	82.0	84.7	82.2
2006-08	28.2	23.7	1.4	27.2	27.4	27.4	27.3	84.7	80.4	83.3	81.6
2006-09	379.6	360.0	1.3	22.1	22.2	22.2	22.2	87.7	83.4	86.2	83.3

（续）

时间（年-月）	34 m降水量/mm	穿透雨/mm	风速/(m/s)	气温/℃				湿度/%			
				2 m	10 m	14 m	34 m	2 m	10 m	14 m	34 m
2006-10	9.4	9.5	1.0	20.3	20.4	20.4	20.3	85.0	80.8	83.5	81.2
2006-11	110.8	114.0	1.1	14.8	14.9	14.9	14.9	82.3	78.6	80.8	78.8
2006-12	63.4	62.4	1.1	7.4	7.5	7.5	7.5	81.9	76.7	79.0	77.0
2007-01	102.8	62.6	1.2	5.0	5.1	5.1	5.1	81.2	76.0	78.2	76.1
2007-02	64.2	54.8	1.2	9.8	9.9	9.9	9.9	78.1	73.3	75.7	73.7
2007-03	199.0	162.3	1.4	11.2	11.3	11.3	11.3	82.0	77.5	79.8	77.7
2007-04	103.8	91.0	1.2	13.9	14.1	14.1	14.0	74.8	69.9	72.6	70.0
2007-05	52.6	49.7	1.2	20.5	20.6	20.7	20.6	80.0	75.7	78.7	75.8
2007-06	131.8	105.1	1.1	23.1	23.3	23.3	23.3	94.2	91.3	93.6	90.9
2007-07	52.0	40.4	1.1	28.4	28.7	28.7	28.8	82.4	78.0	81.3	76.9
2007-08	283.6	319.0	1.6	26.7	26.9	26.9	26.8	91.2	88.0	90.7	87.4
2007-09	271.0	281.5	1.2	23.0	23.2	23.2	23.2	92.1	89.9	91.4	88.7
2007-10	353.4	365.1	1.3	18.9	19.0	19.0	19.0	84.2	80.6	82.7	79.6
2007-11	64.4	43.1	1.2	12.7	12.8	12.8	12.8	81.1	76.8	79.3	75.8
2007-12	50.0	42.5	1.2	8.7	8.8	8.8	8.8	85.8	82.3	83.9	81.5
2008-01	135.6	112.8	1.2	4.3	4.3	4.3	4.3	85.3	81.7	82.7	81.0
2008-02	71.4	61.2	1.2	3.0	3.1	3.1	3.1	75.6	71.0	72.2	70.9
2008-03	50.6	33.2	1.3	10.6	10.7	10.7	10.7	71.6	67.4	69.5	67.2
2008-04	127.6	103.4	1.2	14.4	14.5	14.5	14.5	80.2	76.8	78.4	76.4
2008-05	91.4	70.2	1.3	19.3	19.5	19.5	19.5	80.1	77.2	78.7	76.7
2008-06	268.4	255.7	1.0	22.7	22.9	22.9	23.0	93.9	92.8	93.0	90.6
2008-07	159.8	120.6	1.4	27.2	27.4	27.5	27.5	90.1	89.1	89.2	84.8
2008-08	105.6	76.7	1.0	25.8	26.0	26.0	26.1	93.2	92.1	92.3	87.7
2008-09	301.0	167.8	1.3	23.9	24.1	24.1	24.1	92.8	91.8	91.8	87.3
2008-10	97.6	57.9	1.0	19.0	19.2	19.2	19.2	89.2	86.1	87.5	82.4
2008-11	113.8	50.6	1.0	12.3	12.4	12.4	12.5	82.6	78.6	80.2	76.0
2008-12	23.2	81.8	1.1	13.2	13.3	13.3	13.3	65.6	60.2	63.2	59.0
2009-01	53.8	29.3	1.1	5.2	5.3	5.3	5.3	73.6	68.9	70.8	67.6
2009-02	132.0	34.9	1.3	8.8	8.9	8.8	8.8	90.8	88.2	89.1	84.3
2009-03	85.4	27.0	1.2	13.3	13.5	13.5	13.6	76.9	71.5	74.3	68.9
2009-04	120.4	49.7	1.4	16.8	17.0	17.1	17.1	74.8	69.8	72.6	68.4
2009-05	68.0	70.2	1.2	20.6	20.8	20.9	20.9	71.6	67.0	69.6	65.3
2009-06	106.6	39.6	1.0	23.8	24.0	24.1	24.1	89.6	86.6	87.5	82.5
2009-07	278.6	44.2	1.1	26.9	27.1	27.1	27.1	89.4	81.0	88.0	83.1
2009-08	199.6	78.0	1.3	26.1	26.3	26.3	26.3	94.4	70.6	93.7	89.1
2009-09	55.8	14.0	1.0	24.9	25.0	25.1	25.0	85.1	58.5	84.8	78.5
2009-10	5.6	0.5	1.1	29.1	29.1	29.2	29.0	62.3	55.1	60.7	54.1

（续）

时间（年-月）	34 m降水量/mm	穿透雨/mm	风速/(m/s)	气温/℃				湿度/%			
				2 m	10 m	14 m	34 m	2 m	10 m	14 m	34 m
2009-11	185.0	418.3	1.2	28.6	28.6	28.6	28.5	78.0	53.1	76.2	68.8
2009-12	73.2	55.6	1.2	18.1	13.3	18.2	18.1	78.3	89.0	70.7	64.3
2010-01	65.6	42.8	1.2	6.9	6.3	7.0	7.0	74.9	83.7	72.7	68.6
2010-02	117.6	82.4	1.3	3.7	3.8	3.9	3.8	96.1	92.1	97.0	97.6
2010-03	—	0.0		1.9	2.0	2.1	1.9	100.0	100.0	100.0	100.0
2010-04	—	0.0	1.2	3.4	3.6	3.6	3.5	96.0	94.8	95.7	95.1
2010-05	142.2	150.2	1.2	18.5	18.7	18.7	18.7	86.6	80.5	84.9	76.4
2010-06	159.2	193.5	0.9	21.3	21.5	21.6	21.6	94.7	91.4	93.6	83.7
2010-07	195.8	296.8	1.0	26.0	26.3	26.4	26.5	95.4	90.8	93.7	84.3
2010-08	16.6	7.2	1.2	27.8	28.1	28.0	28.0	88.2	84.0	88.8	79.0
2010-09	150.6	115.7	1.2	23.7	23.9	23.9	24.0	93.5	89.6	93.9	80.2
2010-10	182.0	146.8	1.4	17.3	17.5	17.6	17.6	85.5	80.6	85.2	74.2
2010-11	25.0	30.5	0.9	12.8	13.1	13.2	13.2	79.6	74.8	79.5	69.1
2010-12	104.2	67.7	1.3	7.6	7.9	7.9	8.0	73.4	66.4	69.4	59.3
2011-01	55.2	61.8	1.3	0.5	0.7	0.4	0.5	59.1	74.2	76.6	67.2
2011-02	40.2	24.2	1.1	5.9	6.1	6.0	6.0	51.2	73.2	76.5	65.6
2011-03	76.0	44.9	1.1	7.4	7.7	7.5	7.6	47.8	61.5	65.6	75.4
2011-04	34.2	17.2	1.2	10.0	11.7	14.3	14.3	59.8	77.5	82.7	55.0
2011-05	48.0	30.2	1.2	19.2	19.5	19.4	19.3	62.4	76.1	81.2	67.0

4.1.2 森林小气候辐射要素数据集

4.1.2.1 概述

天童森林小气候监测系统位于栲树林综合观测场附近，主要用于观测森林微气象的垂直梯度（冠层上方至表层土壤）特征。本数据集包括该系统 2006—2011 年森林小气候监测项目：总辐射（34 m）、光合有效辐射（34 m、14 m 和 10 m）、净辐射（34 m 和 2 m）、向上反射辐射和向下反射辐射，包括月尺度和年尺度两个时间分辨率。

4.1.2.2 数据采集和处理方法

数据采集由数采器完成，采样频率为 1 小时 1 次。每半个月使用数据采集软件（MyLogger）在线下载一次观测数据。

4.1.2.3 数据质量控制和评估

（1）原始数据质控措施：剔除无效或数值明显超出范围的数据项/列。

（2）数据插补：采用线性内插方法对短时间段（< 3 h）缺失的部分气象数据进行插补。

（3）小时、日、月尺度数据转换：将一天内小时数据平均/累计得到日平均值/累计值，如果一天内小时尺度数据少于 12 个，则不计算日平均值/累计值，该日按缺失处理。将一个月内的日尺度数据平均/累计，得到月尺度数据，如果当月日尺度数据小于 20 个，则不计算月平均值，该月按缺失处理。将月值平均，得到年平均值。

4.1.2.4 数据价值

天童森林小气候辐射气象要素数据集体现了天童地区常绿阔叶林冠层上方及林冠内辐射气象要素

的垂直梯度特征，能为森林微气象的时空动态评价提供基础数据。

4.1.2.5 数据

森林小气候辐射气象要素季节动态见表 4-2。

表 4-2　森林小气候辐射气象要素季节动态

时间（年-月）	34 m 总辐射/（MJ/m²）	向上反射辐射/（MJ/m²）	向下反射辐射/（MJ/m²）	34 m 光合有效辐射/（mol/m²）	14 m 光合有效辐射/（mol/m²）	34 m 光合有效辐射/（mol/m²）	14 m 净辐射/（MJ/m²）	34 m 净辐射/（MJ/m²）
2006-06	14.3	22.4	1.9	2.8	3.5	30.7	1.1	8.5
2006-07	15.5	21.6	2.0	3.1	3.8	33.6	1.2	10.2
2006-08	18.0	23.1	2.3	4.1	3.8	37.0	1.4	12.4
2006-09	10.1	13.0	1.3	2.4	2.8	21.0	0.5	5.3
2006-10	10.7	14.2	1.4	2.6	3.0	22.0	0.7	5.9
2006-11	6.5	8.8	0.9	1.6	1.9	13.0	0.4	2.5
2006-12	6.2	8.4	0.9	2.0	1.8	11.9	0.6	2.1
2007-01	5.5	7.4	0.8	1.8	1.9	10.2	0.6	2.0
2007-02	8.4	11.5	1.2	2.8	3.3	16.1	1.0	4.4
2007-03	9.3	12.5	1.1	3.4	3.6	17.8	0.7	5.9
2007-04	11.0	15.7	1.5	4.0	4.3	20.1	0.9	7.0
2007-05	13.8	18.4	1.9	4.4	4.5	25.6	1.2	9.3
2007-06	11.1	14.6	1.5	2.1	3.0	22.0	0.7	8.1
2007-07	18.3	23.5	2.4	3.5	5.1	35.7	1.2	13.6
2007-08	13.6	17.5	1.7	3.5	4.4	27.5	0.7	9.6
2007-09	10.2	13.2	1.2	2.4	3.9	21.1	0.4	6.4
2007-10	9.8	12.7	1.2	2.3	3.8	19.9	0.4	5.6
2007-11	6.9	9.2	0.9	1.8	2.7	13.7	0.5	2.6
2007-12	4.4	6.1	0.6	1.4	2.0	8.5	0.3	1.2
2008-01	3.9	5.4	0.6	1.3	1.9	7.5	0.3	1.0
2008-02	9.0	11.8	1.2	2.2	3.5	17.1	0.5	4.5
2008-03	11.7	15.2	1.3	3.1	4.9	22.1	0.6	6.7
2008-04	11.3	14.5	1.3	3.4	4.4	21.2	0.7	7.4
2008-05	16.0	20.3	1.9	3.8	5.4	29.8	1.0	10.5
2008-06	9.8	12.1	1.2	1.8	2.8	18.9	0.5	6.4
2008-07	17.5	21.5	2.0	2.8	4.5	34.7	0.9	12.7
2008-08	14.9	17.8	1.8	3.1	3.9	29.1	0.7	10.4
2008-09	11.2	13.5	1.4	2.0	2.8	22.4	0.4	7.1
2008-10	9.3	11.2	1.1	1.8	2.7	18.5	0.3	5.1
2008-11	6.9	8.6	0.9	1.7	2.4	13.1	0.3	2.6
2008-12	8.2	8.8	1.0	5.2	5.6	14.6	1.4	2.7
2009-01	6.9	8.6	0.9	3.0	3.5	12.9	0.3	2.8
2009-02	5.8	7.5	0.7	1.3	2.1	11.0	0.1	2.9
2009-03	9.1	11.6	1.0	1.8	2.5	16.7	0.4	5.0
2009-04	14.9	18.2	1.6	4.6	5.9	27.1	0.7	9.9

（续）

时间（年-月）	34 m 总辐射/（MJ/m²）	向上反射辐射/（MJ/m²）	向下反射辐射/（MJ/m²）	34 m 光合有效辐射/（mol/m²）	14 m 光合有效辐射/（mol/m²）	34 m 光合有效辐射/（mol/m²）	14 m 净辐射/（MJ/m²）	34 m 净辐射/（MJ/m²）
2009-05	19.2	22.1	2.1	7.4	11.0	34.7	1.5	16.1
2009-06	16.3	26.2	2.3	5.9	7.3	31.4	0.9	11.9
2009-07	16.1	31.2	2.3	6.5	12.2	32.7	1.6	12.7
2009-08	12.2	22.7	1.8	1.5	7.6	26.0	0.5	8.1
2009-09	11.1	25.3	2.0	3.6	10.5	26.3	0.1	6.7
2009-10	17.6	24.6	1.9	11.9	16.5	30.5	−1.4	11.8
2009-11	18.8	21.2	1.9	20.3	22.9	21.8	1.6	10.9
2009-12	12.9	17.3	1.9	8.3	8.8	26.5	2.3	6.9
2010-01	9.1	15.4	1.7	2.5	3.3	19.3	−0.6	1.9
2010-02	6.1	13.3	1.4	0.8	1.7	11.9	−0.2	2.9
2010-03	8.5	16.5	1.6	1.0	2.1	16.3	0.0	4.7
2010-04	14.6	15.9	1.6	1.1	2.2	16.2	−0.7	3.7
2010-05	37.9	9.7	2.0	2.0	2.2	13.8	−8.0	−6.0
2010-06	10.0	13.7	1.3	1.3	1.8	20.4	0.5	6.9
2010-07	12.3	15.9	1.5	1.4	2.0	25.5	0.7	9.2
2010-08	15.9	20.0	1.9	1.6	3.2	32.5	0.8	12.5
2010-09	10.0	12.4	1.3	0.9	1.7	21.4	0.4	6.7
2010-10	7.6	9.4	1.0	0.9	1.3	15.4	0.4	3.8
2010-11	7.4	9.3	1.1	1.2	1.9	14.2	0.5	2.8
2010-12	7.3	9.5	1.2	1.7	2.0	14.1	0.5	2.0
2011-01	6.0	7.7	0.9	1.1	1.5	11.5	0.2	2.5
2011-02	8.7	10.9	1.1	1.3	2.2	17.1	0.6	4.4
2011-03	8.8	15.9	1.2	1.2	1.7	17.1	0.5	4.1
2011-04	9.3	20.8	1.3	1.2	4.9	22.7	4.5	7.2
2011-05	11.5	16.1	1.4	1.4	2.2	23.3	0.7	7.9

4.1.3 森林小气候土壤要素数据集

4.1.3.1 概述

天童森林小气候监测系统位于栲树林综合观测场附近，主要用于观测森林微气象的垂直梯度（冠层上方至表层土壤）特征。本数据集包括该系统 2006—2011 年森林小气候监测项目：土壤温度和湿度（10 cm、30 cm 和 50 cm），包括年尺度和月尺度两个时间分辨率。

4.1.3.2 数据采集和处理方法

数据采集由数采器完成，采样频率为 1 小时 1 次。每半个月使用数据采集软件（MyLogger）在线下载一次观测数据。

4.1.3.3 数据质量控制和评估

（1）数据质控措施：剔除无效或数值明显超出范围的数据项/列。

（2）采用线性内插方法对短时间段（< 3 h）缺失的部分气象数据进行插补。

（3）小时、日、月尺度数据转换：将一天内小时数据平均/累计得到日平均值/累计值，如果一天内小时尺度数据少于 12 个，则不计算日平均值/累计值，该日按缺失处理。将一个月内的日尺度数据平均/累计，得到月尺度数据，如果当月日尺度数据小于 20 个，则不计算月平均值，该月按缺失处理。将月值平均，得到年平均值。

4.1.3.4 数据价值

天童森林小气候土壤要素数据集体现了天童地区常绿阔叶林不同深度土壤温度和湿度的动态特征，能为森林微气象的时空动态评价提供基础数据。

4.1.3.5 数据

森林小气候土壤要素季节动态见表 4-3。

表 4-3　森林小气候土壤要素季节动态

时间（年-月）	土壤温度/℃			土壤体积含水量/%		
	10 cm	30 cm	50 cm	10 cm	30 cm	50 cm
2006-06	20.2	19.2	18.4	38.3	35.5	25.7
2006-07	23.9	22.7	21.7	35.6	34.7	21.6
2006-08	24.5	23.5	22.6	27.7	26.4	17.9
2006-09	21.4	21.4	21.3	30.2	27.4	19.2
2006-10	19.7	19.8	19.8	23.1	22.1	14.8
2006-11	15.9	16.9	17.4	20.6	16.4	11.4
2006-12	10.0	11.9	13.1	30.1	22.5	17.0
2007-01	7.5	9.3	10.4	31.9	26.0	17.3
2007-02	9.6	10.4	10.9	29.9	26.1	16.1
2007-03	10.6	11.2	11.5	32.4	27.6	17.9
2007-04	12.7	13.2	13.3	29.0	25.4	16.4
2007-05	17.0	16.6	16.1	27.3	24.9	15.3
2007-06	19.7	19.2	19.1	29.1	26.3	14.5
2007-07	23.3	22.7	21.9	22.8	20.9	7.0
2007-08	23.3	23.3	22.3	27.3	20.5	5.5
2007-09	21.2	21.9	21.2	32.8	22.3	5.5
2007-10	18.1	19.7	19.3	30.4	21.5	5.5
2007-11	13.4	15.7	16.1	31.6	19.9	7.5
2007-12	10.1	12.7	13.8	33.5	21.1	11.8
2008-01	6.5	9.5	11.3	38.5	22.6	13.5
2008-02	4.0	6.7	9.2	38.3	19.2	12.6
2008-03	8.5	9.9	11.9	30.4	24.7	12.2
2008-04	11.4	12.5	13.9	26.8	25.1	11.0
2008-05	15.0	15.6	16.4	17.7	21.6	8.8
2008-06	18.3	18.6	18.7	18.6	19.5	9.2
2008-07	21.7	21.7	21.2	15.3	18.2	9.2
2008-08	21.8	22.3	21.7	10.0	21.1	9.3
2008-09	20.6	21.4	21.3	7.3	25.9	9.4
2008-10	17.2	18.7	19.2	7.7	24.8	9.5

（续）

时间（年-月）	土壤温度/℃			土壤体积含水量/%		
	10 cm	30 cm	50 cm	10 cm	30 cm	50 cm
2008-11	12.7	15.0	16.2	12.0	26.3	9.6
2008-12	9.0	11.5	12.8	10.9	21.8	10.6
2009-01	6.1	8.7	10.3	14.4	25.0	12.6
2009-02	7.7	9.4	10.3	13.1	25.9	12.4
2009-03	8.5	9.4	10.1	16.5	27.6	11.2
2009-04	11.9	12.3	12.9	30.0	22.6	9.6
2009-05	15.5	15.6	16.1	33.4	16.2	8.4
2009-06	18.1	17.8	18.1	32.7	17.8	8.0
2009-07	21.3	20.8	20.9	33.6	18.9	7.9
2009-08	21.6	21.4	22.0	44.1	19.4	8.3
2009-09	21.1	21.0	21.6	44.5	17.5	7.3
2009-10	24.5	23.4	22.6	44.5	17.2	8.2
2009-11	24.4	23.4	22.7	44.8	13.9	8.2
2009-12	13.3	14.8	12.9	45.0	13.1	10.0
2010-01	5.2	6.9	10.0	45.0	14.1	12.2
2010-02	4.1	6.1	11.1	45.0	14.5	13.4
2010-03	2.9	5.2	10.9	45.0	14.2	13.1
2010-04	3.8	5.8	12.2	45.0	14.2	13.1
2010-05	12.8	12.8	21.1	41.8	15.7	12.9
2010-06	15.3	15.1	24.5	30.7	21.5	12.5
2010-07	19.4	18.9	23.0	32.8	24.4	12.1
2010-08	20.7	20.0	19.1	23.0	21.5	6.8
2010-09	19.0	18.8	18.0	11.4	15.9	5.8
2010-10	14.5	15.0	15.0	14.3	16.0	5.8
2010-11	10.8	11.5	12.4	15.4	14.3	5.8
2010-12	7.2	8.3	9.9	18.6	14.1	5.8
2011-01	2.0	3.7	6.3	20.4	15.9	5.8
2011-02	3.4	4.0	6.5	22.9	16.1	5.9
2011-03	5.0	5.2	7.4	24.0	32.7	20.9
2011-04	15.2	15.9	16.1	18.1	32.2	24.4
2011-05	12.5	11.5	12.0	18.9	37.0	35.4

4.2 20 hm^2 森林动态监测样地数据集

4.2.1 植物群落结构数据集

4.2.1.1 概述

大型动态监测样地是现今植被生态学研究中重要的基础性研究平台，通过该平台的长期定位监测可以从时间、空间维度获取群落结构变化、植被生长、更新和养分循环等多方面的动态变化数据。围绕该平台还可以开展林学、土壤学、物候学、微生物学以及动物学等多方面的监测性研究，是生态学研究中不可或缺的重要基础性观测研究场地。

天童 20 hm^2 森林动态监测样地参照 ForestGEO 大型动态监测样地标准建立（Condit，1998），已纳入中国森林生物多样性监测网络（CForBio）与史密森研究院及哈佛大学阿诺德树木园的全球森林监测网络（ForestGEO）。本研究数据集为天童样地植物群落结构数据，根据 2010 年首次每木调查数据整理形成，统计了每个物种的科、属、生活型、生长型、多度、显著度、频度、重要值等信息。

4.2.1.2　数据采集和处理方法

（1）数据来源

数据主要来自亚热带典型常绿阔叶林-天童 20 hm^2 森林动态监测样地（TTFSY01）2010 年每木调查结果。2008 年选取了天童国家森林公园核心保护区内水平投影面积为 20 hm^2、海拔为 298.6 m，且保存完好的亚热带典型常绿阔叶林作为长期动态监测样地（杨庆松等，2011）。依据 Forest GEO 大型动态监测样地建立标准，使用全站仪将样地精确分割成 500 个水平投影规格为 20 m×20 m 的样方，并利用石桩进行顶点标记，测量每个顶点的海拔高度，绘制样地地形图（图 4－1）。2010 年完成每木本底调查，包括对所有胸径≥1 cm 的木本植物进行挂牌、定位、种名识别和胸径测量（测量位置进行刷漆标记）等。

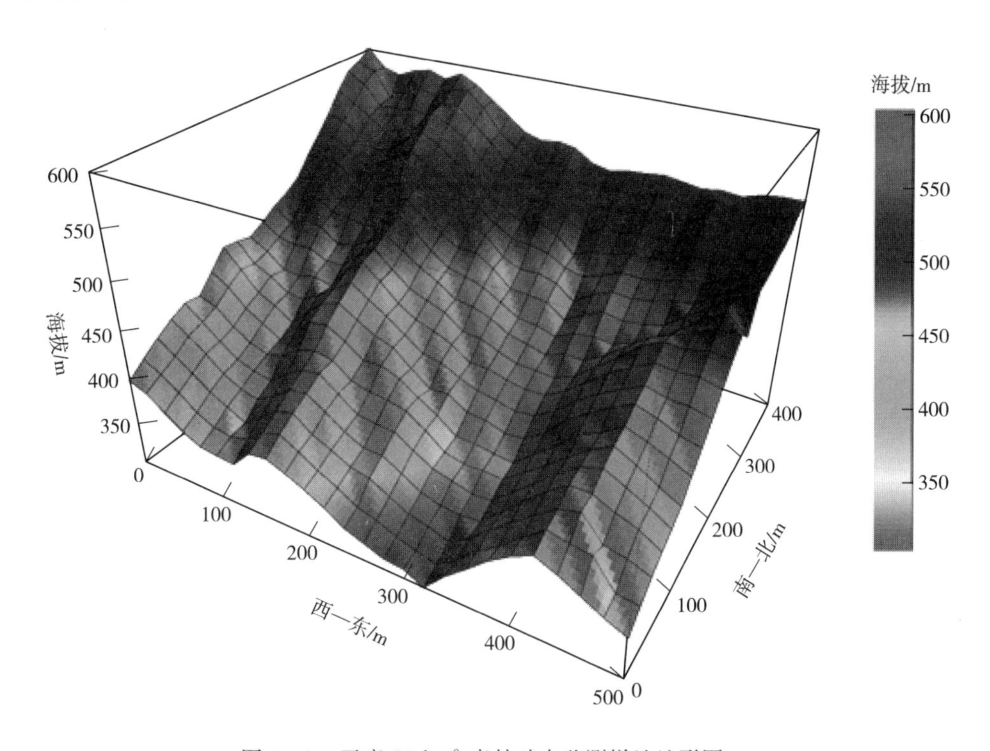

图 4－1　天童 20 hm^2 森林动态监测样地地形图

（2）数据加工与处理

种名等物种属性：①根据采集物种标本，参考 Flora of China 确定每个物种学名；②统一记录过程中文种名略写、异名等不规范情况，中文种名也参考 Flora of China 中最新的修订；③结合相关文献整理和总结天童样地的物种名录，包括中文种名、学名、科名、属名。物种生活型和生长型信息在 Flora of China、中国植物志和浙江植物志的基础上，根据天童地区相应物种的实际情况确定。

重要值由每个物种的相对多度、相对显著度、相对频度三者求和计算得到，样地总重要值为 3。多度为该物种在样地中的个体数。显著度为该物种在样地中胸高断面积之和。频度为该物种在样地

500 个 20 m×20 m 样方中记录到的样方数。

4.2.1.3 数据质量控制和评估

每木调查过程进行质量控制：①用测绳将每个 20 m×20 m 的样方划分为 5 m×5 m 的小样格，逐格调查，避免遗漏。②通过悬挂唯一身份标牌进行质量控制，并记录所有个体的空间坐标，确保数据无遗漏，避免重复测量。常规检查：①数据比对，将数据输入后，由非输入人员对输入数据与记录数据进行比对检查。②异常数据核对，对已输入数据进行检查，标记异常数据，调查者根据标记进行野外核对。③程序纠错，利用 R 软件编写数据纠错程序，标记不符合规则的数据，并由调查人员根据记录数据或者实地调查进行改正。

全样本重复调查：为了降低本底数据的容错率，尽量消除多次复查可能带来的容错率累积问题。在 2015 年（第二次）的调查中，对全样本本底数据进行了重新调查，包括种名、位置和胸径，并与 2010 年调查数据进行一一比对，发现错误或者异常数据全部进行校正，提高本底数据的准确性。

数据质量评估：利用 2015 年的全样本重复调查数据，对 2010 年的调查数据的容错率进行了整体评估。数据整体容错率<2%，错误来源包括种名、胸径和位置等，基本无遗漏和重复测量问题。在复查过程中，对相关错误进行了及时的更改，进一步提高了数据质量。

4.2.1.4 数据价值

常绿阔叶林被科学界认为是重要的物种起源中心，生物多样性极为丰富，是人类获取生物资源的重要基因库（宋永昌，2013）。东亚常绿阔叶林是世界常绿阔叶林中最为典型、分布面积最广的森林类型，中国亚热带典型常绿阔叶林是东亚常绿阔叶林的重要组成部分，是常绿阔叶林群落结构研究中的重点研究区域。因此，亚热带典型常绿阔叶林群落结构数据是探究常绿阔叶林群落构建机制研究中最为核心的数据类型，能够为相关领域的研究提供准确、全面的数据支撑。

4.2.1.5 数据

天童 20 hm^2 森林动态监测样地植物群落结构见表 4-4。

表 4-4 天童 20 hm^2 森林动态监测样地植物群落结构

物种名	科名	属名	生长型	生活型	多度	显著度	频度	重要值
细枝柃 *Eurya loquaiana*	山茶科 *Theaceae*	柃木属 *Eurya*	小乔木	常绿	20 257	16.15	461	0.27
黄丹木姜子 *Litsea elongata*	樟科 *Lauraceae*	木姜子属 *Litsea*	小乔木	常绿	10 383	34.75	468	0.19
南酸枣 *Choerospondias axillaris*	漆树科 *Anacardiaceae*	南酸枣属 *Choerospondias*	乔木	落叶	1 337	75.97	383	0.16
杨梅叶蚊母树 *Distylium myricoides*	金缕梅科 *Hamamelidaceae*	蚊母树属 *Distylium*	小乔木	常绿	6 221	39.27	279	0.14
毛花连蕊茶 *Camellia fraterna*	山茶科 *Theaceae*	山茶属 *Camellia*	灌木	常绿	9 263	6.30	482	0.14
港柯 *Lithocarpus harlandii*	壳斗科 *Fagaceae*	柯属 *Lithocarpus*	乔木	常绿	2 656	53.32	429	0.14
云山青冈 *Cyclobalanopsis sessilifolia*	壳斗科 *Fagaceae*	青冈属 *Cyclobalanopsis*	乔木	常绿	2 459	54.50	418	0.14

（续）

物种名	科名	属名	生长型	生活型	多度	显著度	频度	重要值
木荷 *Schima superba*	山茶科 *Theaceae*	木荷属 *Schima*	乔木	常绿	1 233	40.90	307	0.10
红楠 *Machilus thunbergii*	樟科 *Lauraceae*	润楠属 *Machilus*	乔木	常绿	2 802	19.40	475	0.09
栲 *Castanopsis fargesii*	壳斗科 *Fagaceae*	锥栗属 *Castanopsis*	乔木	常绿	746	42.88	265	0.09
红淡比 *Cleyera japonica*	山茶科 *Theaceae*	红淡比属 *Cleyera*	小乔木	常绿	2 379	14.57	457	0.08
浙江新木姜子 *Neolitsea aurata* var. *chekiangensis*	樟科 *Lauraceae*	新木姜子属 *Neolitsea*	小乔木	常绿	3 203	8.71	437	0.08
薄叶山矾 *Symplocos anomala*	山矾科 *Symplocaceae*	山矾属 *Symplocos*	小乔木	常绿	3 273	4.28	353	0.07
马银花 *Rhododendron ovatum*	杜鹃花科 *Ericaceae*	杜鹃属 *Rhododendron*	小乔木	常绿	2 735	7.05	320	0.06
雷公鹅耳枥 *Carpinus viminea*	桦木科 *Betulaceae*	鹅耳枥属 *Carpinus*	乔木	落叶	874	19.30	264	0.06
香桂 *Cinnamomum subavenium*	樟科 *Lauraceae*	樟属 *Cinnamomum*	乔木	常绿	1 214	8.08	412	0.05
米槠 *Castanopsis carlesii*	壳斗科 *Fagaceae*	栲属 *Castanopsis*	乔木	常绿	537	19.22	197	0.05
光亮山矾 *Symplocos lucida*	山矾科 *Symplocaceae*	山矾属 *Symplocos*	小乔木	常绿	1 670	5.11	325	0.05
窄基红褐柃 *Eurya rubiginosa* var. *attenuata*	山茶科 *Theaceae*	柃属 *Eurya*	灌木	常绿	2 036	1.07	338	0.05
小叶青冈 *Cyclobalanopsis myrsinaefolia*	壳斗科 *Fagaceae*	青冈属 *Cyclobalanopsis*	乔木	常绿	1 084	7.95	314	0.04
薄叶润楠 *Machilus leptophylla*	樟科 *Lauraceae*	润楠属 *Machilus*	乔木	常绿	1 163	14.10	152	0.04
山矾 *Symplocos sumuntia*	山矾科 *Symplocaceae*	山矾属 *Symplocos*	灌木	常绿	1 480	1.34	384	0.04
毛脉槭 *Acer pubinerve*	槭树科 *Aceraceae*	槭属 *Acer*	乔木	落叶	475	13.34	250	0.04
短梗冬青 *Ilex buergeri*	冬青科 *Aquifoliaceae*	冬青属 *Ilex*	乔木	常绿	716	7.50	298	0.04
枫香树 *Liquidambar formosana*	金缕梅科 *Hamamelidaceae*	枫香树属 *Liquidambar*	乔木	落叶	183	17.82	128	0.04
檫木 *Sassafras tzumu*	樟科 *Lauraceae*	檫木属 *Sassafras*	乔木	落叶	267	14.37	174	0.04

（续）

物种名	科名	属名	生长型	生活型	多度	显著度	频度	重要值
黄牛奶树 *Symplocos cochinchinensis* var. *laurina*	山矾科 *Symplocaceae*	山矾属 *Symplocos*	乔木	常绿	1 022	6.19	225	0.04
红毒茴 *Illicium lanceolatum*	八角科 *Illiciaceae*	八角属 *Illicium*	小乔木	常绿	1 434	4.53	185	0.03
赤杨叶 *Alniphyllum fortunei*	野茉莉科 *Styracaceae*	赤杨叶属 *Alniphyllum*	乔木	落叶	623	5.03	260	0.03
宁波木犀 *Osmanthus cooperi*	木犀科 *Oleaceae*	木犀属 *Osmanthus*	乔木	常绿	503	3.95	249	0.03
格药柃 *Eurya muricata*	山茶科 *Theaceae*	柃属 *Eurya*	灌木	常绿	760	0.72	261	0.03
虎皮楠 *Daphniphyllum oldhami*	交让木科 *Daphniphyllaceae*	虎皮楠属 *Daphniphyllum*	乔木	常绿	462	7.54	134	0.03
光叶石楠 *Photinia glabra*	蔷薇科 *Rosaceae*	石楠属 *Photinia*	小乔木	常绿	680	1.80	220	0.02
苦枥木 *Fraxinus insularis*	木犀科 *Oleaceae*	梣属 *Fraxinus*	乔木	落叶	412	3.93	211	0.02
油桐 *Vernicia fordii*	大戟科 *Euphorbiaceae*	油桐属 *Vernicia*	乔木	落叶	309	5.54	168	0.02
赛山梅 *Styrax confusus*	野茉莉科 *Styracaceae*	安息香属 *Styrax*	小乔木	落叶	491	1.15	237	0.02
腺叶桂樱 *Laurocerasus phaeosticta*	蔷薇科 *Rosaceae*	桂樱属 *Laurocerasus*	乔木	常绿	679	1.16	183	0.02
光叶山矾 *Symplocos lancifolia*	山矾科 *Symplocaceae*	山矾属 *Symplocos*	小乔木	常绿	354	1.42	180	0.02
豹皮樟 *Litsea coreana* var. *sinensis*	樟科 *Lauraceae*	木姜子属 *Litsea*	乔木	常绿	306	1.14	183	0.02
红脉钓樟 *Lindera rubronervia*	樟科 *Lauraceae*	山胡椒属 *Lindera*	小乔木	落叶	342	1.59	157	0.02
黄檀 *Dalbergia hupeana*	豆科 *Fabaceae*	黄檀属 *Dalbergia*	乔木	落叶	192	4.57	89	0.02
无患子 *Sapindus saponaria*	无患子科 *Sapindaceae*	无患子属 *Sapindus*	乔木	落叶	149	3.85	92	0.01
山柿 *Diospyros japonica*	柿科 *Ebenaceae*	柿树属 *Diospyros*	乔木	落叶	88	4.74	78	0.01
铁冬青 *Ilex rotunda*	冬青科 *Aquifoliaceae*	冬青属 *Ilex*	乔木	常绿	165	1.46	130	0.01
赤楠 *Syzygium buxifolium*	桃金娘科 *Myrtaceae*	蒲桃属 *Syzygium*	灌木	常绿	461	0.69	101	0.01

（续）

物种名	科名	属名	生长型	生活型	多度	显著度	频度	重要值
老鼠矢 *Symplocos stellaris*	山矾科 *Symplocaceae*	山矾属 *Symplocos*	小乔木	常绿	232	0.27	130	0.01
大青 *Clerodendrum cyrtophyllum*	马鞭草科 *Verbenaceae*	大青属 *Clerodendrum*	灌木	落叶	429	0.20	84	0.01
大叶冬青 *Ilex latifolia*	冬青科 *Aquifoliaceae*	冬青属 *Ilex*	乔木	常绿	111	2.18	79	0.01
江南越橘 *Vaccinium mandarinorum*	杜鹃花科 *Ericaceae*	越橘属 *Vaccinium*	灌木	常绿	167	0.39	110	0.01
糙叶树 *Aphananthe aspera*	榆科 *Ulmaceae*	糙叶树属 *Aphananthe*	乔木	落叶	92	2.46	62	0.01
细叶青冈 *Cyclobalanopsis gracilis*	壳斗科 *Fagaceae*	青冈属 *Cyclobalanopsis*	乔木	常绿	83	2.15	68	0.01
青皮木 *Schoepfia jasminodora*	铁青树科 *Olacaceae*	青皮木属 *Schoepfia*	乔木	落叶	101	1.69	59	0.01
白背叶 *Mallotus apelta*	大戟科 *Euphorbiaceae*	野桐属 *Mallotus*	灌木	落叶	179	0.09	81	0.01
紫楠 *Phoebe sheareri*	樟科 *Lauraceae*	楠属 *Phoebe*	乔木	常绿	180	1.13	57	0.01
西川朴 *Celtis vandervoetiana*	榆科 *Ulmaceae*	朴属 *Celtis*	乔木	落叶	92	1.26	64	0.01
四照花 *Cornus kousa subsp. Chinensis*	山茱萸科 *Cornaceae*	山茱萸属 *Cornus*	乔木	落叶	83	2.22	42	0.01
野漆树 *Toxicodendron succedaneum*	漆树科 *Anacardiaceae*	漆树属 *Toxicodendron*	乔木	落叶	103	0.67	70	0.01
青钱柳 *Cyclocarya paliurus*	胡桃科 *Juglandaceae*	青钱柳属 *Cyclocarya*	乔木	落叶	60	2.02	46	0.01
厚皮香 *Ternstroemia gymnanthera*	山茶科 *Theaceae*	厚皮香属 *Ternstroemia*	小乔木	常绿	123	0.81	62	0.01
大叶早樱 *Cerasus subhirtella*	蔷薇科 *Rosaceae*	樱属 *Cerasus*	乔木	落叶	30	2.98	27	0.01
青冈 *Cyclobalanopsis glauca*	壳斗科 *Fagaceae*	青冈属 *Cyclobalanopsis*	乔木	常绿	102	0.98	58	0.01
总状山矾 *Symplocos botryantha*	山矾科 *Symplocaceae*	山矾属 *Symplocos*	小乔木	常绿	89	0.99	58	0.01
杨梅 *Myrica rubra*	杨梅科 *Myricaceae*	杨梅属 *Myrica*	乔木	常绿	79	1.17	52	0.01
红枝柴 *Meliosma oldhamii*	清风藤科 *Sabiaceae*	泡花树属 *Meliosma*	乔木	落叶	63	2.21	27	0.01

（续）

物种名	科名	属名	生长型	生活型	多度	显著度	频度	重要值
杜鹃 *Rhododendron simsii*	杜鹃花科 *Ericaceae*	杜鹃属 *Rhododendron*	灌木	落叶	156	0.16	56	0.01
迎春樱桃 *Cerasus discoidea*	蔷薇科 *Rosaceae*	樱属 *Cerasus*	乔木	落叶	77	0.38	60	0.01
赤皮青冈 *Cyclobalanopsis gilva*	壳斗科 *Fagaceae*	青冈属 *Cyclobalanopsis*	乔木	常绿	68	0.55	57	0.01
胡桃楸 *Juglans mandshurica*	胡桃科 *Juglandaceae*	胡桃属 *Juglans*	乔木	落叶	55	1.82	30	0.01
宜昌荚蒾 *Viburnum erosum*	忍冬科 *Caprifoliaceae*	荚蒾属 *Viburnum*	灌木	落叶	103	0.04	59	0.01
南烛 *Vaccinium bracteatum*	杜鹃花科 *Ericaceae*	越橘属 *Vaccinium*	灌木	常绿	70	0.59	51	0.01
皱柄冬青 *Ilex kengii*	冬青科 *Aquifoliaceae*	冬青属 *Ilex*	乔木	常绿	72	0.44	53	0.01
山鸡椒 *Litsea cubeba*	樟科 *Lauraceae*	木姜子属 *Litsea*	小乔木	落叶	98	0.13	53	0.00
油柿 *Diospyros oleifera*	柿科 *Ebenaceae*	柿树属 *Diospyros*	乔木	落叶	40	1.45	31	0.00
刺毛越橘 *Vaccinium trichocladum*	杜鹃花科 *Ericaceae*	越橘属 *Vaccinium*	灌木	常绿	75	0.11	55	0.00
紫弹树 *Celtis biondii*	榆科 *Ulmaceae*	朴属 *Celtis*	乔木	落叶	55	0.92	39	0.00
锐角槭 *Acer acutum*	槭树科 *Aceraceae*	槭属 *Acer*	乔木	落叶	47	1.50	27	0.00
杭州榆 *Ulmus changii*	榆科 *Ulmaceae*	榆属 *Ulmus*	乔木	落叶	129	0.84	28	0.00
柯 *Lithocarpus glaber*	壳斗科 *Fagaceae*	柯属 *Lithocarpus*	乔木	常绿	69	1.01	32	0.00
毛八角枫 *Alangium kurzii*	八角枫科 *Alangiaceae*	八角枫属 *Alangium*	小乔木	落叶	51	0.31	43	0.00
刺叶桂樱 *Laurocerasus spinulosa*	蔷薇科 *Rosaceae*	桂樱属 *Laurocerasus*	小乔木	常绿	43	0.76	34	0.00
朴树 *Celtis sinensis*	榆科 *Ulmaceae*	朴属 *Celtis*	乔木	落叶	25	1.30	17	0.00
石斑木 *Rhaphiolepis indica*	蔷薇科 *Rosaceae*	石斑木属 *Rhaphiolepis*	灌木	常绿	66	0.02	36	0.00
刺楸 *Kalopanax septemlobus*	五加科 *Araliaceae*	刺楸属 *Kalopanax*	乔木	落叶	14	1.44	12	0.00

（续）

物种名	科名	属名	生长型	生活型	多度	显著度	频度	重要值
山茶 *Camellia japonica*	山茶科 *Theaceae*	山茶属 *Camellia*	小乔木	常绿	66	0.11	31	0.00
木犀 *Osmanthus fragrans*	木犀科 *Oleaceae*	木犀属 *Osmanthus*	乔木	常绿	44	0.14	32	0.00
檵木 *Loropetalum chinense*	金缕梅科 *Hamamelidaceae*	檵木属 *Loropetalum*	灌木	常绿	55	0.21	26	0.00
厚壳树 *Ehretia acuminata*	紫草科 *Boraginaceae*	厚壳树属 *Ehretia*	乔木	落叶	25	0.63	21	0.00
山胡椒 *Lindera glauca*	樟科 *Lauraceae*	山胡椒属 *Lindera*	灌木	落叶	53	0.10	28	0.00
山油麻 *Trema cannabina* var. *dielsiana*	榆科 *Ulmaceae*	山黄麻属 *Trema*	小乔木	落叶	37	0.03	29	0.00
小果冬青 *Ilex micrococca*	冬青科 *Aquifoliaceae*	冬青属 *Ilex*	乔木	落叶	22	0.59	18	0.00
化香树 *Platycarya strobilacea*	胡桃科 *Juglandaceae*	化香树属 *Platycarya*	乔木	落叶	25	0.40	19	0.00
枳椇 *Hovenia acerba*	鼠李科 *Rhamnaceae*	枳椇属 *Hovenia*	乔木	落叶	9	0.98	8	0.00
三尖杉 *Cephalotaxus fortunei Hook.*	三尖杉科 *Cephalotaxaceae*	三尖杉属 *Cephalotaxus*	乔木	常绿	33	0.05	25	0.00
苦槠 *Castanopsis sclerophylla*	壳斗科 *Fagaceae*	栲属 *Castanopsis*	乔木	常绿	23	0.45	17	0.00
老鸦糊 *Callicarpa giraldii*	马鞭草科 *Verbenaceae*	紫珠属 *Callicarpa*	灌木	落叶	30	0.02	24	0.00
大叶榉树 *Zelkova schneideriana*	榆科 *Ulmaceae*	榉属 *Zelkova*	乔木	落叶	17	0.53	14	0.00
山桐子 *Idesia polycarpa*	大风子科 *Flacourtiaceae*	山桐子属 *Idesia*	乔木	落叶	24	0.31	18	0.00
黐花 *Mussaenda esquirolii*	茜草科 *Rubiaceae*	玉叶金花属 *Mussaenda*	灌木	落叶	36	0.02	18	0.00
杉木 *Cunninghamia lanceolata*	杉科 *Taxodiaceae*	杉木属 *Cunninghamia*	乔木	常绿	17	0.16	15	0.00
豆腐柴 *Premna microphylla*	马鞭草科 *Verbenaceae*	豆腐柴属 *Premna*	灌木	落叶	20	0.01	17	0.00
野鸦椿 *Euscaphis japonica*	省沽油科 *Staphyleaceae*	野鸦椿属 *Euscaphis*	小乔木	落叶	18	0.04	16	0.00
三角槭 *Acer buergerianum*	槭树科 *Aceraceae*	槭属 *Acer*	乔木	落叶	5	0.60	5	0.00

（续）

物种名	科名	属名	生长型	生活型	多度	显著度	频度	重要值
胡颓子 *Elaeagnus pungens*	胡颓子科 *Elaeagnaceae*	胡颓子属 *Elaeagnus*	灌木	常绿	21	0.02	15	0.00
冬青 *Ilex chinensis*	冬青科 *Aquifoliaceae*	冬青属 *Ilex*	乔木	常绿	12	0.24	11	0.00
灰毛大青 *Clerodendrum canescens*	马鞭草科 *Verbenaceae*	大青属 *Clerodendrum*	灌木	落叶	22	0.01	12	0.00
灯台树 *Cornus controversa*	山茱萸科 *Cornaceae*	山茱萸属 *Cornus*	乔木	落叶	11	0.17	10	0.00
细刺枸骨 *Ilex hylonoma*	冬青科 *Aquifoliaceae*	冬青属 *Ilex*	小乔木	常绿	13	0.05	12	0.00
中华卫矛 *Euonymus nitidus*	卫矛科 *Celastraceae*	卫矛属 *Euonymus*	灌木	常绿	15	0.02	12	0.00
小蜡 *Ligustrum sinense*	木犀科 *Oleaceae*	女贞属 *Ligustrum*	灌木	落叶	11	0.01	11	0.00
白花苦灯笼 *Tarenna mollissima*	茜草科 *Rubiaceae*	乌口树属 *Tarenna*	灌木	落叶	14	0.00	10	0.00
小叶石楠 *Photinia parvifolia*	蔷薇科 *Rosaceae*	石楠属 *Photinia*	小乔木	落叶	11	0.02	9	0.00
南京椴 *Tilia miqueliana*	椴树科 *Tiliaceae*	椴树属 *Tilia*	乔木	落叶	5	0.22	5	0.00
鸡仔木 *Sinoadina racemosa*	茜草科 *Rubiaceae*	鸡仔木属 *Sinoadina*	乔木	落叶	11	0.11	6	0.00
杜英 *Elaeocarpus decipiens*	杜英科 *Elaeocarpaceae*	杜英属 *Elaeocarpus*	乔木	常绿	9	0.02	8	0.00
响叶杨 *Populus adenopoda*	杨柳科 *Salicaceae*	杨属 *Populus*	乔木	落叶	2	0.31	1	0.00
木蜡树 *Toxicodendron sylvestre*	漆树科 *Anacardiaceae*	漆树属 *Toxicodendron*	乔木	落叶	7	0.01	7	0.00
天目木兰 *Magnolia amoena*	木兰科 *Magnoliaceae*	木兰属 *Magnolia*	乔木	落叶	4	0.14	4	0.00
中华杜英 *Elaeocarpus chinensis*	杜英科 *Elaeocarpaceae*	杜英属 *Elaeocarpus*	乔木	常绿	6	0.01	6	0.00
野桐 *Mallotus japonicus* var. *floccosus*	大戟科 *Euphorbiaceae*	野桐属 *Mallotus*	灌木	落叶	6	0.00	6	0.00
华紫珠 *Callicarpa cathayana*	马鞭草科 *Verbenaceae*	紫珠属 *Callicarpa*	灌木	落叶	7	0.00	5	0.00
茶 *Camellia sinensis*	山茶科 *Theaceae*	山茶属 *Camellia*	灌木	常绿	6	0.00	5	0.00

（续）

物种名	科名	属名	生长型	生活型	多度	显著度	频度	重要值
栓叶安息香 *Styrax suberifolius*	野茉莉科 *Styracaceae*	安息香属 *Styrax*	小乔木	常绿	5	0.04	4	0.00
红果山胡椒 *Lindera erythrocarpa*	樟科 *Lauraceae*	山胡椒属 *Lindera*	灌木	落叶	4	0.03	4	0.00
银杏 *Ginkgo biloba*	银杏科 *Ginkgoaceae*	银杏属 *Ginkgo*	乔木	落叶	5	0.01	4	0.00
臭辣吴萸 *Tetradium glabrifolium*	芸香科 *Rutaceae*	四数花属 *Tetradium*	乔木	落叶	4	0.01	4	0.00
海金子 *Pittosporum illicioides*	海桐科 *Pittosporaceae*	海桐花属 *Pittosporum*	灌木	常绿	4	0.00	4	0.00
榧树 *Torreya grandis*	红豆杉科 *Taxaceae*	榧树属 *Torreya*	乔木	常绿	1	0.15	1	0.00
山槐 *Albizia kalkora*	豆科 *Fabaceae*	合欢属 *Albizia*	乔木	落叶	3	0.03	3	0.00
矮小天仙果 *Ficus erecta*	桑科 *Moraceae*	榕属 *Ficus*	小乔木	落叶	3	0.01	3	0.00
棘茎楤木 *Aralia echinocaulis*	五加科 *Araliaceae*	楤木属 *Aralia*	灌木	落叶	4	0.00	3	0.00
茜树 *Aidia cochinchinensis*	茜草科 *Rubiaceae*	茜树属 *Aidia*	灌木	常绿	4	0.00	3	0.00
百齿卫矛 *Euonymus centidens*	卫矛科 *Celastraceae*	卫矛属 *Euonymus*	灌木	常绿	4	0.00	3	0.00
醉鱼草 *Buddleja lindleyana*	马钱科 *Loganiaceae*	醉鱼草属 *Buddleja*	灌木	落叶	3	0.00	3	0.00
紫麻 *Oreocnide frutescens*	荨麻科 *Urticaceae*	紫麻属 *Oreocnide*	灌木	落叶	3	0.00	3	0.00
青灰叶下珠 *Phyllanthus glaucus*	大戟科 *Euphorbiaceae*	叶下珠属 *Phyllanthus*	灌木	落叶	3	0.01	2	0.00
秃红紫珠 *Callicarpa rubella* var. *subglabra*	马鞭草科 *Verbenaceae*	紫珠属 *Callicarpa*	灌木	落叶	3	0.00	2	0.00
黄毛楤木 *Aralia chinensis*	五加科 *Araliaceae*	楤木属 *Aralia*	灌木	落叶	2	0.00	2	0.00
南天竹 *Nandina domestica*	小檗科 *Berberidaceae*	南天竹属 *Nandina*	灌木	常绿	2	0.00	2	0.00
构棘 *Maclura cochinchinensis*	桑科 *Moraceae*	润楠属 *Maclura*	灌木	常绿	2	0.00	2	0.00
盐肤木 *Rhus chinensis*	漆树科 *Anacardiaceae*	盐肤木属 *Rhus*	小乔木	落叶	2	0.00	2	0.00

（续）

物种名	科名	属名	生长型	生活型	多度	显著度	频度	重要值
湖北山楂 *Crataegus hupehensis*	蔷薇科 *Rosaceae*	山楂属 *Crataegus*	小乔木	落叶	1	0.01	1	0.00
白檀 *Symplocos paniculata*	山矾科 *Symplocaceae*	山矾属 *Symplocos*	小乔木	落叶	1	0.01	1	0.00
棕榈 *Trachycarpus fortunei*	棕榈科 *Palmae*	棕榈属 *Trachycarpus*	乔木	常绿	1	0.01	1	0.00
牛鼻栓 *Fortunearia sinensis*	金缕梅科 *Hamamelidaceae*	牛鼻栓属 *Fortunearia*	小乔木	常绿	1	0.01	1	0.00
湖北算盘子 *Glochidion wilsonii*	大戟科 *Euphorbiaceae*	算盘子属 *Glochidion*	灌木	落叶	1	0.01	1	0.00
柘 *Maclura tricuspidata*	桑科 *Moraceae*	润楠属 *Maclura*	小乔木	落叶	1	0.00	1	0.00
栀子 *Gardenia jasminoides*	茜草科 *Rubiaceae*	栀子属 *Gardenia*	灌木	常绿	1	0.00	1	0.00
中华石楠 *Photinia beauverdiana*	蔷薇科 *Rosaceae*	石楠属 *Photinia*	灌木	落叶	1	0.00	1	0.00
褐叶青冈 *Cyclobalanopsis stewardiana*	壳斗科 *Fagaceae*	青冈属 *Cyclobalanopsis*	乔木	常绿	1	0.00	1	0.00
长叶冻绿 *Rhamnus crenata*	鼠李科 *Rhamnaceae*	鼠李属 *Rhamnus*	灌木	落叶	1	0.00	1	0.00
密果吴萸 *Tetradium ruticarpum*	芸香科 *Rutaceae*	四数花属 *Tetradium*	小乔木	落叶	1	0.00	1	0.00
狗骨柴 *Diplospora dubia*	茜草科 *Rubiaceae*	狗骨柴属 *Diplospora*	灌木	常绿	1	0.00	1	0.00
笔罗子 *Meliosma rigida*	清风藤科 *Sabiaceae*	泡花树属 *Meliosma*	乔木	常绿	1	0.00	1	0.00
樟 *Cinnamomum camphora*	樟科 *Lauraceae*	樟属 *Cinnamomum*	乔木	常绿	1	0.00	1	0.00

4.2.2 土壤属性空间分布数据集

4.2.2.1 概述

森林土壤是森林生态系统中极为重要的组成部分，其属性是维持森林生态系统平衡的关键因素，对森林群落的物种组成、结构变化、更新和生长有显著影响。然而，土壤属性具有十分明显的空间异质性，只有通过分析大尺度的土壤属性空间分布数据，才能全面了解森林群落的土壤情况，为深入分析森林群落构建以及相关的生态系统功能等生态学问题提供数据支撑。为此，本数据集以浙江天童 20 hm^2 森林动态监测样地为数据采集平台，参照 ForestGEO 大型动态监测样地土壤采集标准（Condit，1998），共采集了 1 310 个样点，分布于整个天童样地内，空间分辨率为 20 m×20 m。本数据集选取了 4 个重要的土壤理化属性指标（pH、土壤全碳、土壤全氮和土壤全磷），为在该区域进行的生态学研究提供土壤背景数据。

4.2.2.2　数据采集和处理方法

（1）样地概况

详见 2.1.2。

（2）土壤采样与分析

采集样点设计：2011 年 3 月，参照 ForestGEO 大型动态监测样地土壤采集标准（Condit，1998），以每个 20 m×20 m 样方的顶点作为采样基点，共 546 个采样基点。在所有采样基点中随机抽取 70%（382 个）基点作为延伸采集点，从延伸采集点的 8 个方向（正东、正西、正南、正北、东南、西南、西北、东北）中随机选取 1 个方向进行延伸采样，延伸采样即在选定的方向上距离延伸采集基点 2 m、5 m、8 m 处随机选择两处作为延伸采样点，共计 1 310 个采样点（图 4-2）。

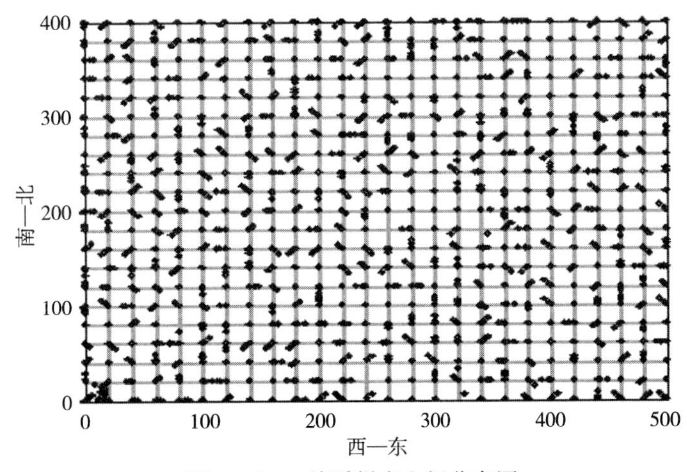

图 4-2　土壤采样点空间分布图

土壤采集：土壤采样深度为 0～10 cm。采样时，先清除采样点表层枯落物和腐殖质层。然后，在该点周围 50 cm 范围内用直径 10 cm 的土钻取 3 个土样，以 3 个土样的混合样作为该采样点的样本，并且在取样点周围用环刀取样一次。将土壤样品带回实验室，将植物残体、石块等拣除干净后，在吸水纸上摊开，置于室内通风阴干。对风干后的土样进行研磨过筛，待分析。

分析测定：参照中华人民共和国林业行业标准 LY/T 1239—1999《森林土壤 pH 值的测定》进行土壤 pH 的测定。土壤全碳采用总有机碳分析仪（Vario ToC）测定。土壤全氮采用元素分析仪（Vario MICRO cube）测定。土壤全磷采用流动注射分析仪（SAN++，Skalar，荷兰）测定。

4.2.2.3　数据质量控制和评估

数据质量控制：根据土壤属性的数值分布确定了极端值上限和下限，其中极端值上限为（P75－P25）×1.5＋P75，极端值下限为 P25－（P75－P25）×1.5（P75、P25 分别为第 75 个和第 25 个百分位数）。除此之外，如果异常数据是由采样层碎石较多造成的则予以剔除，共剔除数据 19 组，最后用于空间插值的有效数据为 1 291 组。

数据质量评估：随机选取 10%的样本进行重复分析，计算土壤分析的误差范围，保证其在可控范围之内。然后，根据地统计学分析中得到表达各土壤性质空间异质性特征的最适合模型类型及其相应参数（块金值、基台值及变程等），采用 kriging 插值法分别对样地的土壤 pH、全碳、全氮和全磷进行空间插值分析。空间插值分析的软件为 ArcGIS10.3，设定插值结果的空间分辨率为 20 m×20 m。

4.2.2.4　数据价值

土壤属性的空间分布数据是生态学研究中不可或缺的基础性数据，在森林生态学、土壤微生物学和地统计学等多领域的研究中具有十分重要的应用价值。此外，天童土壤属性空间分布数据集具有大尺度、高密度、取样连续均匀等特点，能够准确计算大尺度的环境异质性（Yang et al.，2016），空间分布数据可与二维的植被数据（Fang et al.，2017）和地形数据（张娜等，2012）等进行关联匹配。

4.2.2.5 数据

天童 20 hm^2 森林动态监测样地土壤属性空间分布见图 4-3。

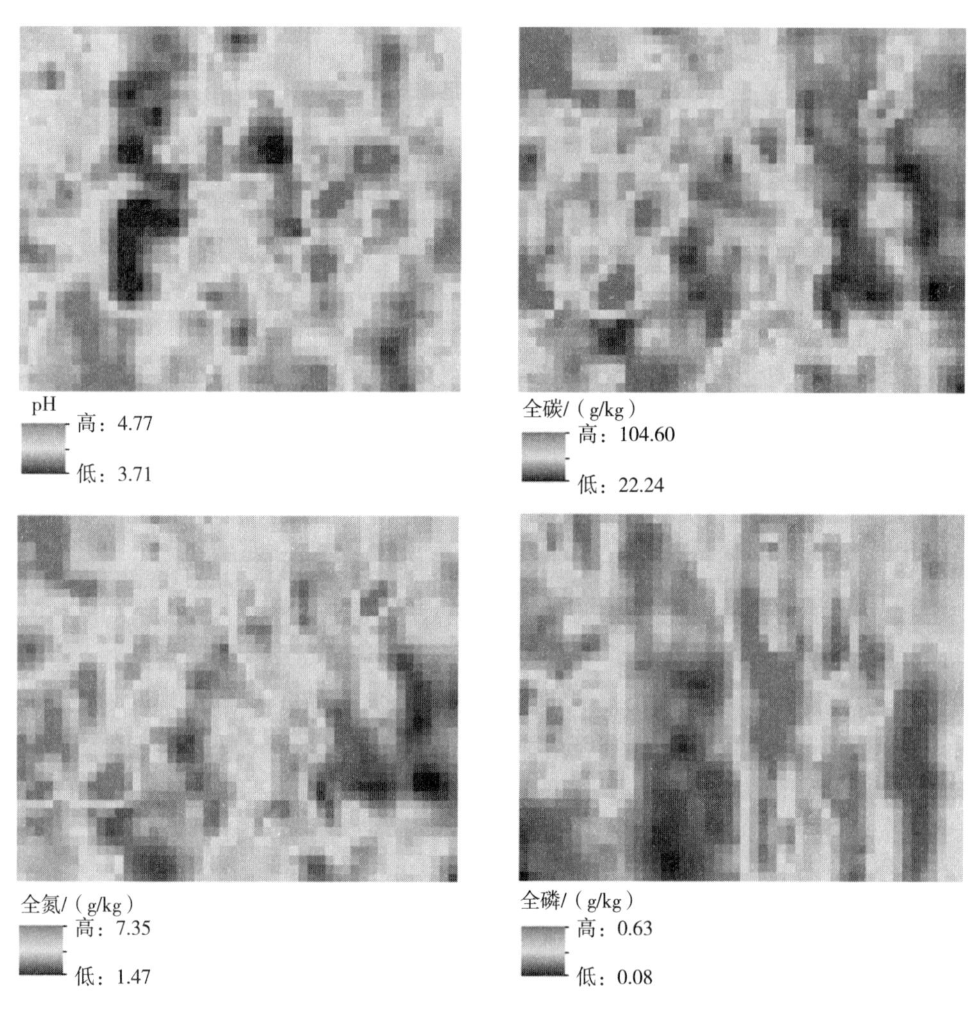

图 4-3 天童 20 hm^2 森林动态监测样地土壤属性空间分布

参 考 文 献

刘何铭，马遵平，杨庆松，等，2017. 天童常绿阔叶林定居幼苗存活和生长的关联［J］. 生物多样性，25（1）：11－22.

马文济，赵延涛，张晴晴，等，2014. 浙江天童常绿阔叶林不同演替阶段地表凋落物的 C：N：P 化学计量特征［J］. 植物生态学报，38（8）：833－842.

宋永昌，2013. 中国常绿阔叶林：分类、生态、保育［M］. 北京：科学出版社.

孙宝伟，杨晓东，张志浩，等，2013. 浙江天童常绿阔叶林演替过程中土壤碳库与植被碳归还的关系［J］. 植物生态学报，37（9）：803－810.

杨庆松，马遵平，谢玉彬，等，2011. 浙江天童 20ha 常绿阔叶林动态监测样地的群落特征［J］. 生物多样性，19（2）：215－223.

杨晓东，阎恩荣，张志浩，等，2013. 浙江天童常绿阔叶林演替阶段共有种的树木构型［J］. 植物生态学报，37（7）：611－619.

张娜，王希华，郑泽梅，等，2012. 浙江天童常绿阔叶林土壤的空间异质性及其与地形的关系［J］. 应用生态学报，23（9）：2361－2369.

张志国，马遵平，刘何铭，等，2013. 天童常绿阔叶林林窗的地形分布格局［J］. 应用生态学报，24（3）：621－625.

周国逸，尹光彩，唐旭利，等，2018. 中国森林生态系统碳储量—生物量方程［J］. 北京：科学出版社.

Ali A，Yan E R，2017a. Functional identity of overstorey tree height and understorey conservative traits drive aboveground biomass in a subtropical forest［J］. Ecological Indicators，83（16）：158－168.

Ali A，Yan E R，2017b. The forest strata-dependent relationship between biodiversity and aboveground biomass within a subtropical forest［J］. Forest Ecology and Management，2017b，401：125－134.

Ali A，Yan E R，Chen H，et al.，2016. Stand structural diversity rather than species diversity enhances aboveground carbon storage in secondary subtropical forests in Eastern China［J］. Biogeosciences，13：4627－4635.

Chen J，Luo YQ，Xia J Y，et al.，2016. Differential responses of ecosystem respiration components to experimental warming in a meadow grassland on the Tibetan Plateau［J］. Agricultural and Forest Meteorology，220（1）：21－29.

Condit R，1998. Tropical Forest Census Plots：Methods and Results from Barro Colorado Island，Panama and a Comparison with Other Plots［M］. Berlin：Springer.

Du Z G，Zhou X H，Shao J J，et al.，2017. Quantifying uncertainties from additional nitrogen data and processes in a terrestrial ecosystem model with Bayesian probabilistic inversion［J］. Journal of Advances in Modeling Earth Systems，9（1）：548－565.

Fang X F，Shen G C，Yang Q S，et al.，2017. Habitat heterogeneity explains mosaics of evergreen and deciduous trees at local-scales in a subtropical evergreen broad-leaved forest［J］. Journal of Vegetation Science，28（2）：379－388.

Gao Q，Hasselquist N J，Palmroth S，et al.，2014. Short-term response of soil respiration to nitrogen fertilization in a subtropical evergreen forest［J］. Soil Biology and Biochemistry，76：297－300.

Hu Z H，Xu C G，McDowell N G，et al.，2017. Linking microbial community composition to C loss rates during wood decomposition［J］. Soil Biology and Biochemistry，104：108－116.

Kang M，Chang S X，Yan E R，et al.，2014. Trait variability differs between leaf and wood tissues across ecological scales in subtropical forests［J］. Journal of Vegetation Science，25（3）：703－714.

Liu H M，Shen G C，Ma Z P，et al.，2016. Conspecific leaf litter-mediated effect of conspecific adult neighborhood on early-stage seedling survival in a subtropical forest［J］. Scientific Reports，6（1）：37830.

Liu M，Compton S G，Peng F E，et al.，2015. Movements of genes between populations：are pollinators more effective at transferring their own or plant genetic markers? [J] . Proceedings of Biological Sciences，282（1808）. http：//dx. doi. org/10. 1098/rspb. 2015. 0290.

Liu M，Zhang J，Chen Y，et al.，2013. Contrasting genetic responses to population fragmentation in a coevolving fig and fig wasp across a mainland-island archipelago [J] . Molecular Ecology，22（17）：4384－4396.

Shang K K，Zhang Q P，Da L J，et al.，2014. Effects of natural and artificial disturbance on landscape and forest structure in Tiantong national forest park，east China [J] . Landscape and Ecological Engineering，10：163－172.

Shao J J，Zhou X H，Luo Y Q，et al.，2016a. Direct and indirect effects of climatic variations on the interannual variability in net ecosystem exchange across terrestrial ecosystems [J] . Tellus B：Chemical and Physical Meteorology，68（1）：30575.

Shao J J，Zhou X H，Luo Y Q，et al.，2015. Biotic and climatic controls on interannual variability in carbon fluxes across terrestrial ecosystems [J] . Agricultural and Forest Meteorology，205：11－22.

Shao J J，Zhou X H，Luo Y Q，et al.，2016b. Uncertainty analysis of terrestrial net primary productivity and net biome productivity in China during 1901—2005 [J] . Journal of Geophysical Research：Biogeosciences，121（5）：1372－1393.

Shen G C，He F L，Waagepetersen R P，et al.，2013. Quantifying effects of habitat heterogeneity and other clustering processes on spatial distributions of tree species [J] . Ecology，94（11）：2436－2443.

Xia J Y，McGuire A D，Lawrence D，et al.，2017. Terrestrial ecosystem model performance in simulating productivity and its vulnerability to climate change in the northern permafrost region [J] . Journal of Geophysical Research：Biogeosciences，122：430－446.

Yan Y E，Zhou X H，Jiang L F，et al.，2017. Effects of carbon turnover time on terrestrial ecosystem carbon storage [J] . Biogeosciences，14：5441－5454.

Yang Q S，Shen G C，Liu H M，et al.，2016. Detangling the effects of environmental filtering and dispersal limitation on aggregated distributions of tree and shrub species：life stage matters [J] . PloS one，11（5）：e0156326.

Yang X D，Yan E R，Chang S X，et al.，2015. Tree architecture varies with forest succession in evergreen broad-leaved forests in Eastern China [J] . Trees，29（1）：43－57.

Zhao Y T，Ali A，Yan E R，2017. The plant economics spectrum is structured by leaf habits and growth forms across subtropical species [J] . Tree Physiology，37（2）：173－185.

Zheng Z M，Mamuti M，Liu H M，et al.，2017. Effects of nutrient additions on litter decomposition regulated by phosphorus-induced changes in litter chemistry in a subtropical forest，China [J] . Forest Ecology and Management，400：123－128.

Zhou L Y，Zhou X H，Shao J J，et al.，2016. Interactive effects of global change factors on soil respiration and its components：a meta-analysis [J] . Global Change Biology，22（9）：3157－3169.